Hawking.

l'homme, l'âme.

Dr Bruno P.H. Leclercq

Docteur Bruno P. H. Leclercq

Copyright © 2018 Bruno P.H. Leclercq

All rights reserved.

ISBN-10: 1718997027
ISBN-13: 978-1718997028

Dédicace

Je dédie ce livre à tous ceux qui, au cours du dernier demi-siècle m'ont permis de consacrer une grande partie de mon temps à la recherche des liens pratiquement mécaniques qui relient tous les phénomènes de notre petit monde, aussi bien la pluie que les croyances les plus antiques.

Il y a eu Gilles Tremblay, Anne Falcimaigne, Alain Wuattier, Peggy Pashaian, Epitace Nobera, sans oublier Aviva, tous ceux qui m'ont supporté par leur présence, leur travail, leurs sous et ceux qui m'ont aidé par leur absence.

A tous, mentionnés ici ou non, à tous un grand merci. Nous resterons ensemble, je dirais à jamais, mais ce serait peut-être exagéré car notre univers finira par se figer.

Docteur Bruno P. H. Leclercq

Préface

Nos recherches et nos méditations nous ont permis de présenter un autre modèle de l'univers à partir des observations et des expériences de la science.

Ce modèle, modèle B, explique comment la désintégration de la matière apporte l'énergie décrite par Einstein et contredit ce même Einstein, au moins dans ses dernières conclusions. Il s'est trompé, il l'a affirmé, et là il s'est trompé, il avait raison. Quant aux conclusions d'Hawking, elles sont presque toutes fausses pour le modèle B, depuis la singularité jusqu'aux mondes parallèles.

Avant tout il y a un préunivers, nous l'appelons Oom.

La Science fait entre un continuum espace-temps, dans on ne dit pas quoi ; nous disons que le continuum espace-temps est déjà présent ICI, dans l'Oom, là où se forme notre Univers.

Le big bang n'est pas une explosion mais un choc. Nous l'appelons Bonne Baffe. Ce choc introduit de l'énergie qui agite le contenu de l'Oom : la matière n'est pas introduite, elle est créée par l'action de cette énergie sur le contenu de l'Oom.

Il n'y avait pas de singularité, il n'y aura pas. Là aussi Hawking s'est trompé.

Sans oublier son opinion qu'il n'y a pas de dieu. Ça reste à démontrer !

Les conclusions de Kein Stein, après celles de nos autres textes ne sont pas aussi catégoriques. Ici, nous allons voir la base logique des traditions ésotériques.

Docteur Bruno P. H. Leclercq

Table des Matières

1. Introduction 11
2. Etude de l'âme 33
3. Le décès 50
4. Evolution 54
5. Sacrements 65
6. Les 6 Jours 72
7. Jour 2 78
8. Jour '4' 82
9. Le cinquième jour 89
10. 'Jour 6' 93
11. Le monde rêvé 97
12. Altérés et nonomes 103
13. Méditation 113
14. Méditation 124
15. On résume : 135
    1. Potentiel 135
    2. Buts 135

3.	Techniques	135
4.	origine	135
16.	L'humain	140
17.	But de l'évolution	144
18.	Culte des ancêtres	150
19.	Remplissage désordonné	153
20.	Tchacras et méditation	155
21.	Systèmes de croyance	172
22.	Modèle B et les autres	175
23.	Ma biographie : pourquoi ?	177
24.	Corpus Anima Spiritus	187
25.	L'aame	197
26.	Taimni,	207
27.	Densité en manques DMR– demeure	209

Hawking. l'homme, l'âme

Docteur Bruno P. H. Leclercq

1. Introduction

Au cours de ce dernier demi-siècle ma description de l'univers a changé, ce qui se note dans mes textes.

Le modèle B qui est finalement sorti n'est pas toute la vérité dans tous les détails, mais c'est un squelette et une carapace sur lesquels s'appuieront quelques milliards de détails.

Dans les diverses couches qui se sont succédées la question de dieu a fini par être sérieusement posée.

Je dois avouer que dans la culture qui est la mienne, la société qui m'a formée, l'existence de Dieu était un acquis, une vérité, un fait.

J'ai fait l'enfant de chœur pendant des années sans me poser de questions à ce sujet.

« *Introibo ad altare dei. A deus qui laetificar juventutem meam …* » ou quelque chose comme ça…

Maintenant, en écrivant, je me rappelle vaguement qu'en une occasion j'ai eu quelque doute sur quelque chose. C'était pendant la retraite avant la confirmation. J'ai demandé je ne sais pas quoi au prêtre qui m'a dit que si je n'étais pas sûr, si j'avais des doutes, je devrais peut-être renoncer à ce sacrement cette année-là et y revenir l'année suivante.

Docteur Bruno P. H. Leclercq

J'ai pensé à l'examen que nous avions passé sur les enseignements de l'Eglise – le répéter ? pas question ! j'ai donc poursuivi la retraite. Confirmé ! j'avais 14 ans.

J'ai été surpris, vers 15 ans de découvrir que mon amie Arlette n'allait pas à la messe le Dimanche. Je ne lui ai pas demandé si elle croyait en Dieu parce que cette opinion n'était pas envisageable. Je ne savais pas qu'il y avait des athées.

Je n'ai donc jamais su qu'elle pouvait l'être. Je ne sais toujours pas si elle l'est ou l'était.

Ayant déménagé à Berlin, j'avais été étonné de découvrir qu'il y avait des Protestants, ce qui ne remettait pas en question le fait que le catholicisme était la seule vérité vraie.

A Berlin également j'ai rencontré des Juifs, j'en ai connu, l'un d'entre eux était à mes yeux un ami, mais je ne savais pas qu'il était juif. Je n'avais aucune idée de ce que ça voulait dire… A part ces histoires de la Bible.

Et mon premier amour, je dois l'avouer, était une petite juive que je voyais à la piscine et qui m'attirait absolument.

Je ne savais pas qu'elle était juive.

Un jour, sortant de la piscine, je l'ai attendue à, mais je n'ai tout de même pas osé lui adresser la parole. Là, la suivant un peu, de loin, j'ai décidé fermement que « demain, je lui parle, sans faute ! »

Et je l'ai vu partir dans sa petite jupe grise, plissée.

Et le lendemain j'ai appris que sa famille était passée à l'Est, chez les communistes, chez les Russes, en même temps que la famille de mon ami Chaillet et de mon copain Youmatof. Elle s'appelait, elle s'appelle toujours, je suppose, Nadine, Nadine Stern.

C'étaient trois familles juives, elles avaient été séduites par le chant du communisme – un idéal à l'époque – et sans doute déçues d'avoir découvert l'antisémitisme qui dominait la société française.

Je ne savais pas qu'ils étaient juifs, je ne savais même pas qu'il y avait encore des Juifs sur terre, j'avais la vague impression que c'était quelque chose du temps de Jésus. En bon chrétien français on ne parlait pas de ces choses, pas plus qu'on ne parlait d'argent à la maison.

Progressivement mon univers se remplissait sans que la question de dieu apparaisse jamais.

Il y avait donc des gens qui n'étaient pas de bons chrétiens, ceux dont les enfants allaient à l'autre centre de loisirs, ceux qui lisaient 'Vaillant' alors que nous, les bons chrétiens, allions au Patronage le Jeudi, nous qui lisions 'Cœurs Vaillants'. Il y avait aussi un autre groupement, les Scouts, mais ce n'étaient pas de bons chrétiens, d'autant que le mouvement avait été créé par les Anglais ou Américains, des protestants ou anglicans…

A Meung on me permettait de quitter l'école pour aller servir les enterrements. On marchait derrière le corbillard tiré par un cheval, moi portant la croix après avoir sonné le glas … trois cloches qui devaient sonner l'une après l'autre. On devait réciter un Je vous salue Marie entre les cloches : c'était moderne, les cloches étaient actionnées électriquement.

A une époque j'ai fait un petit autel à la Sainte Vierge sur le linteau de la cheminé. Ma mère a cru que ça indiquait un intérêt particulier pour la religion : Il n'en était rien, je trouvais que c'était beau, satisfaisant, plaisant. Mais ça m'avait paru beau, harmonieux… de même que je me sentais bien dans l'Eglise, mais sans l'ombre d'une pensée religieuse. Je ne priais pas, je ne demandais rien, je n'attendais rien.

Docteur Bruno P. H. Leclercq

Plus tard, étudiant à Strasbourg, assis à la terrasse d'un café avec les deux amis, Michel Maire probablement passablement croyant catho et passablement antisémite, et Manu, mon ami juif Emanuel Schechter, la question fut posée : croyons-nous en Dieu ?

Maintenant que j'y pense, il y a eu beaucoup de Juifs dans mon existence ; j'ai même travaillé pour une compagnie israélienne...

Réponses plutôt molles à cette question.

Comme d'habitude j'ai élaboré , philosophant pour la première fois sur ce thème.

« - il en a peut-être un, peut-être pas. S'il y en a un, comme il n'y a qu'un créateur, il est le juge de nos vies de notre comportement. S'il y en a un, et s'il y a un enfer et un paradis, nous irons dans l'un ou dans l'autre plus ou moins selon notre vie, mais pour aller au paradis il faut bénéficier de la grâce divine. Il n'y a aucun moyen de savoir exactement quoi faire ; agir du mieux qu'on peut en suivant les directives de l'Eglise qui est la nôtre ne garantit rien.

Non seulement ne savons-nous pas avec certitude si notre église est la bonne, mais même si c'est la bonne on nous a averti que l'accès au paradis dépend d'une grâce spéciale, d'une bénédiction attribuée selon des critères que personne ne connait.

Autrement dit, il n'y a pas de comportement qui garantisse la bénédiction divine : Les efforts aident un peu mais ne garantissent rien.

Donc en résumé, il y a peut-être un dieu, il y a peut-être un paradis où quelques rares individus passent l'éternité dans le bonheur ; l'église que nous suivons est peut-être la bonne, il faut se comporter selon les règles qu'on nous indique. Il n'est pas essentiel de le faire toute la vie, mais au moins il faut le faire à la fin : et à la fin d'une vie de saint, on peut tout perdre si on se révolte à la dernière minute.

Donc, il n'y a pas à se casser la tête pour suivre une religion ou une autre, pour prier un dieu ou pas puisque la décision finale est totalement arbitraire du point de vue humain.

Nous sommes libres.

Et voilà le problème résolu : conclusion de mes vingt ans.

Et je ne me suis plus posé la question pendant de nombreuses années. Ce qui ne m'empêchait pas de suivre les règles sociales qui étaient celles du catholicisme, avec très peu de petits accrocs pour lesquels je ne cherchais pas l'absolution. J'avais cessé la pratique dès que j'avais cessé de vivre continuellement à la maison de mes parents.

Je faisais des expériences de physique et de parapsychologie.

Au début j'avais essayé la radiesthésie, la pratique du pendule pour résoudre divers types de problèmes à commencer par les objets perdus. Je croyais que c'était un domaine psychologique et qu'on détectait une onde physique. Plus avant je me suis intéressé au Yoga, une discipline sociale qui commençait à être connue.

Ce que j'ai lu sur le sujet faisait croire qu'existaient des 'pouvoirs' magiques. J'ai lu et j'ai fait des expériences de toutes sortes.

En fait j'ai passé des heures et des heures à imaginer et tenter la clairvoyance, la prémonition, la guérison, la vision d'auras ; la lévitation, la psychocinèse, etc…

A partir de 19 ans j'ai certainement passé au moins deux heures par jour à ces expériences.

Résultats très encourageant dans les domaines de la clairvoyance, perception d'énergie et d'auras, et accessoirement de la guérison.

Pratiqué les techniques comme tatraka, ajapajapa ; contrôle de la respiration ..

Pour la plupart des gens c'était de la gymnastique bonne pour la santé. J'ai lu toutes sortes de choses et en particulier j'ai fini par tomber sur les aphorismes de Patanjali et sur les livres d'Aurobindo. J'ai lu également des textes de Vivekananda.

J'ai lu trois versions différentes des aphorismes et je me suis aperçu qu'elles ne disaient pas toutes les mêmes choses et qu'en fait le sujet devenait progressivement plus confus. Je ne croyais toujours pas en le moindre dieu, et l'idée de la réincarnation ne me paraissait pas correcte.

J'ai pratiqué le yoga tel qu'on l'enseignait à l'époque, aidé par ce que j'avais cru comprendre en lisant les auteurs de ce temps. Je me souviens que l'un des premiers livres sur le sujet était d'un prêtre catholique.

Et j'avais pris conscience, bien avant ces efforts que je percevais naturellement toutes sortes d'informations, de messages, de ces signaux dont on parlait dans ces textes et dans les livres existant en ces temps sur la magie, livres de Papus entre autres. Sans compter d'autres livres dont j'ai oublié le nom, livres qu'on ne trouve plus et livres dont on m'a soulagé à mon insu. Toutes sortes de choses sur la magie, sur l'avenir dans l'Ere du Verseau etc..

J'ai lu Maïmonide : le guide des égarés.

Maintenant que j'y pense, je me rends compte que j'ai passé de nombreuses heures, chaque jour, à tenter les exercices de méditations décrits ici et là.

Bref j'ai découvert que je pouvais enseigner le Yoga et faire profiter mes élèves de mes facultés de vision et de guérison. J'étais très supérieur dans ces domaines occultes aux 'professeurs' de Yoga que j'ai rencontré en France, en Allemagne et au Canada.

A pratiquer avec moi ils se sentaient mieux, et dans plusieurs cas leurs problèmes de santé et leur paix intérieure se sont considérablement améliorés. En fait, j'ai changé la vie d'un certain nombre de gens.

J'ai cherché à voir si les chercheurs de parapsychologie savaient quelque chose et j'ai découvert que non : En les visitant (J.B. Rhine, Honorton) j'ai rencontré des sujets, des gens avec lesquels ils faisaient les expériences et ai trouvé que certains de ces sujets étaient actifs et sensibles. Les savants ne me confortaient pas dans la croyance que j'avais sur les facultés 'psychiques', mais leurs sujets, eux, savaient quelque chose : ils savaient agir même s'ils ne savaient ni comment ni pourquoi.

Je me suis donc renfermé sur mes expériences propres et sur des travaux expérimentaux avec certains de mes élèves qui sont devenus mes amis.

Mais toujours pas de question de dieu ou de religion ; ce qui ne m'empêchait pas de suivre des rituels hindous.

C'est avec ces Hindous que j'ai éprouvé l'influence des rituels ; je m'y sens bien comme je me sentais bien dans l'Eglise de ma jeunesse. Un état, pas une pensée...

Un autre monde ?

Je me suis heurté à cette question, mais sans angoisse, simplement par curiosité. Il y a des gens qui prétendent communiquer avec Dieu, et ce ne sont pas des imbéciles. Ils ont cette sensation ou cette idée. Mais les idées que nous avons ne correspondent pas forcément à des choses qui existent. Cette question a été étudiée si souvent et par tant de gens que je ne pourrais rien faire de bien nouveau ou de bien convaincant.

Voyons si la Science nous donne quelque piste à ce sujet.

Docteur Bruno P. H. Leclercq

Il faut commencer par étudier la science elle-même. Il n'y a aucun doute que la science nous a donné des informations fort utiles qui nous ont permis de maitriser de mieux en mieux la nature. Il reste des trous, des gros.

Nous y décrivons deux aspects. D'une part il y a la Science qui décrit des faits vérifiables par tous, et d'autre part il y a la Science qui donne des interprétations de ces faits, des descriptions.

Le premier groupe nous l'appelons **Scifa**, la science factuelle ;

le second groupe nous l'appelons **Scifi**, la Science fictive.

Dans le second groupe se trouvent toutes sortes d'ensembles interprétant la Scifa et y ajoutant des colorants selon notre humeur et nos préférences. Même la physique de nos jours ne parvient pas à donner une théorie unique sur la matière et tout ce qui est matériel.

Il y a les théories d'Einstein, il y a la mécanique quantique, il y a la théorie des supercordes, des petits farceurs réveillent la théorie de Terre Plate, il y a ce qu'Hawking a rêvé… et la terre qui serait un hologramme… les mondes parallèles…

Einstein a commencé par décrire l'univers d'une façon puis il s'est rangé à l'opinion générale et a dit avec les autres que l'univers est en expansion.

Donc, Einstein avait eu tort dit-il ; mais il avait tort ; il avait raison !

Du moins pour le modèle B, il avait raison au début, quand il décrivait un univers continu.

Je ne perdrai pas mon temps avec Hawking ; il a tout faux à part quelques éléments de Scifa.

Et en vérité, tout ce qui a trait à l'expansion de l'univers est Scifi de la pire qualité.

Dans la Scifi il faut ranger aussi les mythes de l'antiquité, les croyances qui auraient bloqué pendant longtemps le progrès humain.

On critique le catholicisme pour avoir résisté à l'univers copernicien, mais le monde musulman continue à prêcher les mêmes erreurs.

Et dans les Scifis nous ajoutons le modèle B, le nôtre, même si, à notre avis, il permet d'interpréter les données de la Scifa plus raisonnablement que tous les autres mythes antiques et présents.

Dans le modèle B, nous disons que l'endroit, le lieu où existe, où se forme notre univers est enclos.

On pourrait l'appeler **Œuf Cosmique**, comme l'ont fait d'autres SciFis, nous l'appelons **Oom**.

Nous faisons un bref rappel un peu plus loin.

Avant le début de la création, il était plein d'une suspension dite **Ga**.

Cette suspension c'est ce que la Scifi commune appelle le continuum espace-temps. Ils disent que c'est sorti d'une singularité au Big Bang, nous disons que c'était là tout le temps et que tout ce qui est entré c'est de l'énergie.

Dans le Ga il y a des particules qui forment le **RET**, et une sorte de liquide, **Mu**.

Quelque chose a cogné Oom ; l'énergie cinétique qui a causé le choc s'est changée en énergie dynamique. L'énergie dynamique a altéré l'ordre, la paix du RET, c'est le début de la création.

Cette même énergie s'est propagée dans Mu, y formant des ondes ressemblant à la forme de ce qui a touché, agissant comme patron, comme modèle ; des ondes éternelles montrant un monde analogique.

Dans le RET les lois de la physique organisent l'énergie dynamique et causent une **évolution**. Des objets, des faits, des pensées sont créées par application des lois de la Nature, tous phénomènes transitoires.

Quelques rares créations ressemblent d'assez près aux ondes en Mu, et par résonnance elles sont renforcées, supportées. Elles durent plus longtemps que les autres et ainsi, petit à petit le contenu du RET représente le patron, la forme de ce qui a frappé Oom au moment BB.

L'évolution logique de la distribution de l'énergie dynamique dans le RET est la raison des forces décrites par Einstein, la raison pour laquelle le temps a une influence semblable à la distance.

Lire Kein Stein

On peut sauter l'exposé du modèle B, mais nous pensons qu'il convient tout de même d'en placer un résumé avant d'aller plus loin.

Le lecteur décidera s'il veut le lire ou sauter directement à la Biologie et l'histoire de la Vie depuis son origine.

Le monde est en cours de création et d'évolution.

Décrivons simplement la case de départ :

Les choses ont lieu. Les philosophes peuvent se demander s'il y a vraiment quelque chose, mais comme a tenté de le démontrer Descartes : si je pense c'est qu'il y a au moins quelque chose, ma pensée.

COGITO ERGO SUM

Ce n'est pas exactement ce qu'il a dit, et ça se discute, mais disons que ça se tient.

Donc, acceptons qu'il y a un monde ici, nous l'appellerons **'ICI'**.

Mais il y a probablement des endroits en dehors de notre univers, ailleurs !

Nous avons donc, au départ, avant tout évènement,

un **Ici** et un **Ailleurs**.

Selon le modèle B, 'L'ici' est l'Univers que nous connaissons ou que nous concevons ou dont la majorité croit qu'il existe :

le matériel, l'imaginaire et l'immatériel.

'L'ici' a des limites. Pour le modèle B l'Univers se forme dans Oom, dans une enceinte, l'**Œuf Cosmique** des traditions antiques.

Oom est plein d'une suspension de granules dans un milieu liquide. Ces granules sont fixes, ils sont élastiques, gonflables et écrasables.

Cette suspension, la physique l'appelle 'Espace', nous l'appelons **Ga**.

La physique dit qu'elle apparait en même temps que l'énergie ; le modèle B dit qu'elle a été là, la base concrète de tout l'**Ici**, de tous temps.

Parfois nous disons ICI, parfois Oom ou Œuf Cosmique, ou Univers... selon le rythme de la phrase : tous ces mots sont identiques .

L'ensemble des granules est le **RET**, le réseau Espace-Temps de la physique. Le liquide est **Mu**.

Oom se trouve dans '**L'Ailleurs'**.

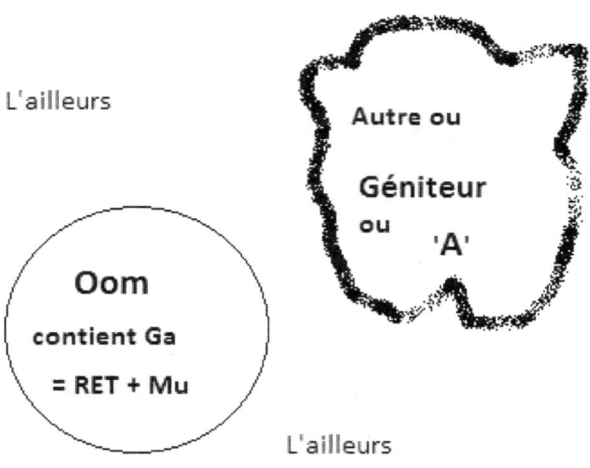

Oom est isolé ; mais 'L'ailleurs' n'est pas complètement vide comme le prouve le fait qu'à un moment initial, à **l'instant BB**, il y a contact entre Oom et quelque chose.

Ce quelque chose, nous en parlons dans d'autres textes, c'est ce qui apporte l'énergie de la création, et une image, un programme, un patron.

Ce quelque chose c'est le géniteur, nous pouvons l'appeler **'A'**.

Par ce contact, de l'énergie dynamique pénètre en Oom et la création commence.

Le choc avec 'A' a apporté l'énergie et en même temps l'image de 'A', image qui, en dernière analyse, par résonnance, dirige l'évolution du contenu de l'Oom pour être concrétisée dans le RET.

On peut voir l'ensemble comme la volonté d'un créateur 'vivant', un Dieu, ou simplement comme un programme imposé par un patron concret.

Que l'origine soit un dieu, c'est l'opinion des religions.

L'opinion du modèle B n'est pas si rigide.

Pour le modèle B, dans le milieu liquide, dans Mu, l'image de 'A' est reproduite parfaitement. Il se forme des ondes, il se forme des harmoniques, toutes vibrations, toutes images. Elles sont éternelles car rien ne cause de perte d'énergie ; elles sont inaltérables car elles sont infiniment plus puissantes que toute onde que peut générer la matière.

Alors que l'image de 'A' est copiée parfaitement par Mu dès le début elle a peu d'effet sur les granules du RET. Dans la pratique, l'énergie dynamique qui envahit l'Oom tout entier déforme les granules du RET.

Progressivement de la matière se forme et cette matière s'organise de diverses façons.

Suite aux lois du monde minéral et suite aux lois de la biosphère de nouvelles formes 'concrètes' se forment. Elles disparaissent rapidement. Cependant, celles qui ressemblent à des ondes en Mu, à des aspects du patron, sont supportées par résonnance – les mouvements en RET sont communiqués mécaniquement en Mu – et durent plus longtemps. Par suite, le contenu du monde matériel évolue pour ressembler de plus en plus au Patron.

Cet état de choses correspond à une prière chrétienne : que ta Volonté soit faite sur la terre comme elle l'est au ciel. Le ciel étant Mu et la terre étant RET

Ces coïncidences sont-elles accidentelles, aléatoires ? peut-on être sûr que les ondes en Mu n'ont aucune influence créatrice directe ? car si le RET pousse sur Mu, de son côté Mu pousse sur le RET.

Les religions insistent à l'extrême sur ce point de vue, affirmant que le Patron crée toutes choses.

Et donc, logiquement comme je l'ai supporté pendant longtemps, ce Dieu est créateur du bien et du mal : la révélation d'Altos de Chavon – éclair qui m'a frappé - c'est que cette opinion est tout à fait erronée.

Cet aparté nous entrainerait assez loin ; ce n'est ni l'heure ni le lieu de le creuser.

Reprenons le schéma.

Faisons une présentation brutale : les détails se trouvent dans **'La théorie Kein Stein'**.

Les rapports entre Mu et RET sont ceux du tissu dans l'eau de la machine à laver. Tout mouvement de l'eau a un effet sur le tissu et tout mouvement dans le tissu a un effet sur l'eau. L'effet des changements dans le tissu est une onde, l'effet d'une onde dans l'eau change la forme du tissu.

De son côté, l'énergie du BB provoque, dans le RET, la formation de **photons** et de **manques** par gonflements et écrasements de granules.

Facile à imaginer : si vous appuyez sur le matelas à eau, à côté du creux une bosse se forme. L'Oom est un volume clos, il s'y passe la même chose, des creux et des bosses.

L'énergie se répartit en quantums, des quantités fixées à jamais.

Le quantum sautera, inchangé, d'un granule à un autre.

Les photons et les manques sont créés une fois pour toutes. Les photons tendent à avancer, les manques tendent à freiner. Ces derniers sont la cause de l'attraction universelle.

Le photon se déplace à la vitesse locale de la lumière. Il peut être dévié et immobilisé par l'influence de manques. Le photon devient alors **presson**.

Il y a immobilisation partielle lorsque le photon est capturé par un électron à proximité du noyau d'un atome.

L'interaction des photons et des manques entraine la formation de particules matérielles et de l'électricité.

Le déplacement, les variations de l'électricité causent le magnétisme.

Résolvons un problème au passage : c'est la position relative de l'observateur qui fait voir un pôle Nord ou un pôle Sud là où le magnétisme est manifesté, le magnétisme n'étant qu'un tourbillon.

Ces particules élémentaires entrainent la formation de matière, puis celle de poussières, celle de météores, puis celle d'astres et autres corps céleste ; pour finalement former des galaxies et les Noyaux Noirs – (Trous Noirs de la Science scifi).

Nous disons noyaux parce que c'est une butte qui se forme, un tas, un dépotoir pourrait-on dire, un terril si la dépôt venait d'une mine.

Noyaux Noirs donc !

La matière est créée une seule fois ; elle commence immédiatement à se désintégrer libérant de l'énergie dynamique. C'est l'énergie détectée par Einstein.

La quantité d'énergie ainsi libérée dépend du temps.

Progressivement il y a de moins en moins de matière dans l'univers, dans l''ICI', et l'évolution se terminera lorsque toute l'énergie concrétisée dans l'univers aura été changée en représentation de l'Image de 'A', un Noyau Noir.

Docteur Bruno P. H. Leclercq

Pour plus de détails lire « Kein Stein » ; même auteur.

Suite à Kein Stein nous allons attaquer les questions de l'immatériel, de l'existence ou non de dieux et de ce que les traditions humaines décrivent, toutes choses passablement niées par la Science.

Elles sont niées aussi par Star Trek qui est une propagande pour l'athéisme.

Commençons par une révision, pour ceux qui n'ont pas lu ou pas compris Kein Stein.

Ça répète ce qui vient d'être dit avec un peu plus de détails … le lecteur peut sauter la partie en italique sans perdre l'essentiel.

MODÈLE B

Notre univers existe dans un volume clos. C'est l'œuf cosmique, nous l'appelons **Oom***.*

Hors de l'Oom, un espace inconnu, vide ou pas : nous l'appelons **L'ailleurs***.*

L'Oom est plein de **Ga** *: Ga est composé de granules formant le* **RET** *– l'équivalent de l'Espace-Temps d'Einstein – plongés dans un milieu liquide,* **Mu***. Les granules ne sont pas mobiles, mais ils peuvent être* *gonflés ou comprimés : de l'énergie dynamique circule dans les granules en quantités fixes appelées* **quantums**. *Là où le RET est détendu les quantums circulent de l'intérieur d'un granule à l'intérieur d'un autre, déplacement à la vitesse C de la lumière. Ce sont les* **photons**.

Si le quantum ne peut pas circuler, il devient un **presson** *circulant à n'importe quelle vitesse selon les tensions locales du RET.*

Il y a un temps antérieur au début de la création. Avant cet instant, l'intérieur du Ga est immobile et vide d'objets – **Tohu Bohu** *dit la Génèse - .*

Soudain une agitation commence qui se répand dans le Ga tout entier.

Introduction de l'énergie divine, **Rouach** *dit la Genèse.*

La physique dit que c'est l'explosion de la singularité, mais pour le modèle B il n'y a pas de singularité ; tout, chez nous, est continu et mécaniste. Donc si de l'énergie entre dans le Ga c'est qu'un autre 'corps' existe dans L'Ailleurs ; corps qui est entré en contact avec Oom.

Les deux corps se rapprochaient, il y avait donc énergie cinétique, énergie cinétique transférée au Ga ; ayant un effet sur le RET et un autre effet sur Mu.

Il s'agit d'un choc ; nous l'appelons **Bonne Baffe** *parce que le contact est bref et immédiatement rompu. Le deuxième corps que nous appelons* **'A'** *mais que certains appellent Dieu, rebondit ou s'arrête, ou continue plus lentement, qui sait ? comme au billard.*

La pression exercée sur le RET écrase certains granules, les comprime. Comme il n'y a pas d'espace vide dans le GA, l'écrasement de certains granules est compensé par le gonflement d'autres. L'énergie est découpée en quantums. La science ne parle que des quantums de granules gonflés ; ce qui seront les photons ; mais on oublie les granules écrasés.

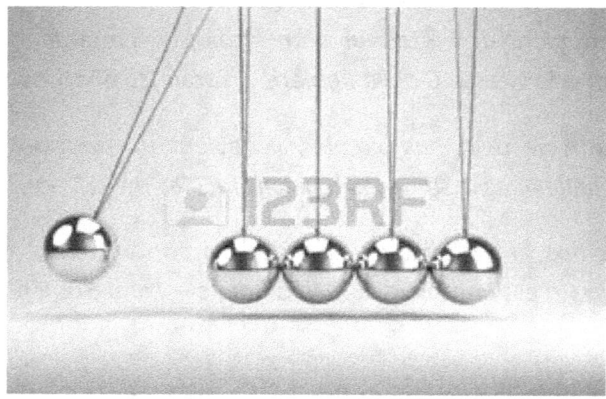

De même que le quantum, l'énergie du gonflement d'un granule saute d'un granule à un autre – le photon – l'énergie du creux se maintient et se propage elle aussi, en quantités inchangées, sautant d'un granule á un autre – le manque - .

L'énergie dynamique, les quantums, passent d'un granule à l'autre comme dans le pendule de Newton. L'énergie traverse les boules mais sans les déplacer sauf en bout de course.

Revoyons tout ça : c'est suprêmement important.

Il y a donc deux phénomènes opposés qui altèrent l'uniformité du RET, la tension locale du RET.

*Avant la Bonne Baffe, **BB**, la tension du RET est faible et uniforme.*

Le choc BB introduit de l'énergie qui écrase des granules. Cet écrasement cause un creux dans l'uniformité du RET, une pression négative dans certains granules qui est compensée par de la pression positive dans les autres. Ces quantums, disons positifs et négatifs, se propagent d'un granule à un autre ; il y a donc des granules positifs, ce sont les photons, et des granules négatifs non identifiés par la Scifi, granules comprimés qui causent l'attraction universelle car ils altèrent la tension locale du RET et parce que le cheminement et les trajectoires des photons et de la matière dépendent de cette tension locale : ces granules vidés nous les appelons **'manques'**.

Ce sont des zones de pression négative, ils causent l'attraction universelle.

Ils sont la cause de la 'matière noire'.

Nous verrons plus avant qu'ils sont associés à d'autres phénomènes.

Ces champs de pression négative courbent la trajectoire des photons.

Ce qui nous amène à l'étape suivante, la création, la formation de particules.

Le photon se déplace en ligne droite dans un champ uniforme mais sa trajectoire est courbée par un champ gravitationnel, par la présence de 'manques'. La courbure peut être assez forte pour que le photon se mette à graviter autour d'un manque, créant ainsi une particule qui ne se déplace pas à la vitesse de la lumière, le début de la formation de matière.

Dans des conditions que nous ne connaissons pas – nous sommes des logiciens, pas des physiciens – des électrons sont formés ; ce sont les particules matérielles simples.

Les électrons et les positrons ont une masse, ce qui nous indique qu'ils contiennent à la fois des photons et des manques. **La charge électrique est un effet du photon, la masse un effet d'un ensemble de manques.**

Progressivement toutes sortes de particules se forment qui vont s'organiser pour former la matière depuis les poussières les plus légères jusqu'aux galaxies les plus lourdes.

Les formes et les évènements qui ont lieu dans le RET agitent Mu. Mu et le RET réagissent entre eux comme le linge et l'eau dans la machine à laver. Il y a donc des images de tout le matériel y compris image de l'idée que nous avons de nous-mêmes, l'image de notre 'Je'.

Au décès, la source de cette image cesse d'émettre, mais ce qui est émis reste et circule dans l'univers comme le fait la lumière émise il y a des millions d'années par les étoiles.

Il reste donc, dans l'univers une image de chacun de nous.

Mais il y a plus encore.

Notre corps et nos pensées sont des agitations du RET, des déformations du RET, déformations qui se déplacent en bloc et restent limitées géométriquement dans notre corps.

Là, il convient de faire un détour par un autre volet de notre enseignement.

Le volet de l'évolution biologique.

Le 16 mars 2018

Lettre à Gilles

les calculs de feu Stephen sont exacts mais les conclusions qu'il en tire sont fausses et en particulier le fait qu'il ne croit pas en dieu mais au contraire à une sorte de récipient dit singularité où tout aurait été en attente,

il pense que sa singularité a éclaté et libéré l'espace et l'énergie.

Au contraire ce qui s'est passé c'est que quelque chose a introduit de l'énergie dynamique dans un espace clos plein d'une substance, ce qu'il appelle 'espace-temps' et que j'appelle Ga.

Mais on peut penser que sa singularité qui contient toute l'énergie qui va faire le monde, sa singularité est ce que j'appelle A dont une partie est le patron, ce qui parait diriger l'évolution.

On peut penser que A est Dieu, le dieu qui est hors de l'univers et qui n'intervient pas; laissant les interventions à ses 'enfants' et à la Vierge:

Dans les dernières pages que j'ai écrites j'ai mentionné qu'on ne pouvait pas forcément dire que c'était un mâle car au début il n'y a qu'une seule chose, quelque chose d'impair et donc bien entendu inclinant à l'appeler dieu le père, ce qui, de nos jours indispose bien des gens.

Comme c'est quelque chose d'impair qui, selon mon modèle, a touché Oom; le lingam des Hindous, évitons de lui donner un genre.

L'idée qu'il y a à l'extérieur de l'Oom, dans L'ailleurs, un quelque chose impair qui est la cause directe de l'introduction d'énergie créatrice et du modèle dirigeant l'évolution, est une opinion, opinion logique, mais finalement rien de plus qu'une croyance.

Je puis donc dire que je crois en A, ou je crois en Dieu et poursuivant la description je puis dire

je crois en Dieu

Docteur Bruno P. H. Leclercq

l'impair tout puissant

créateur du ciel et de la Terre...

:)

Il y eut un humoriste qui dessina deux petits dessins d'un mur avec graffiti

dans le premier on voit écrit 'Dieu est mort'; signé Sartre ou Lénine je ne sais plus qui, ah si ! Nietzche...

dans le second dessin on voit 'Nietzche est mort'; signé Dieu.

ici nous avons

      dieu est mort signé Stephen

et ensuite

      Stephen vit signé Dieu (l'impair).

Pour vraiment apprécier la suite, il est préférable de revoir la physique du modèle B : lire Kein Stein.

2. Etude de l'âme

Névrome

Le névrome est une aire vibratoire du RET, l'aire dans laquelle ont lieu les phénomènes physiologiques et plus spécialement les phénomènes neurologiques qui correspondent à chaque individu.

Nous avons vu que les pressions présentes dans un granule ont un effet sur la pression et sur le volume des granules voisins.

C'est normal, facile à comprendre : Oom est un volume fixe, Oom est plein ; il n'y a pas d'espace vide, par suite tout déplacement, tout grossissement, ou compression d'un granule a un effet opposé sur tous les granules de l'Oom, effet d'autant plus fort qu'on l'observe plus près du changement.

C'est ainsi par exemple que la vitesse de la lumière est affectée par les champs gravitationnels. On observe aussi que la pression du RET a un effet sur la fréquence des photons ; plus la pression est élevée, plus la fréquence du photon l'est aussi.

C'est ce qui explique la tour de Pound-Rebka et le glissement vers le rouge du spectre des étoiles.

Nous avons vu tout ça en détail dans Kein Stein.

Nous avons établi que nos pensées et l'Esprit en particulier sont une sorte de matière que nous appelons Névraise, Esprit que nous appelons névrome lorsque nous parlons de cette substance propre à un individu sans nous préoccuper des idées qui peuvent y apparaitre.

Docteur Bruno P. H. Leclercq

Dans la conversation courante, dans l'opinion commune, nous avons une âme. Personne ne la définit, personne ne dit d'où elle vient et nombreux sont ceux qui doutent qu'elle existe ; d'autant que la science n'en voit pas la preuve, ni à quoi elle sert.

Le névrome est formé par l'activité du système nerveux ; il n'est pas fait de photons. Comme c'est une onde dans le RET, il cause une onde identique en Mu. Nous avons fait la comparaison avec la machine à laver.

Nous appelons résille ou orée ou rivage la lisière entre le névrome et Mu. Cette lisière est la limite extérieure du névrome ; le névrome a une forme et un volume, forme changeante selon l'activité des diverses sources nerveuses qui le forment.

Le névrome est affecté par nos pensées, mais ce n'est pas tout. Il est affecté également par l'activité du système nerveux sympathique, du parasympathique, du cervelet et des diverses couches composant le cerveau, le télencéphale en particulier.

Nous allons nous permettre d'introduire un postulat de taille et nous regrettons de devoir le faire mais nous gagnons du temps : autrement il faudrait réorganiser complètement cet assemblage de textes, et ce sans apporter plus de force à notre description.

Pour des raisons que j'expose plus avant, je désire terminer aussi vite que possible, au cas où il ne resterait que peu de temps...

Nous allons introduire le concept de 'corps', de plans de conscience, de cochas comme dit l'hindouisme, d'enveloppes, tous termes utilisés par les 'sciences' occultes. Les religions abrahamiques parlent d'âme, concept sans la moindre base scientifique.

Nous abusons de la tolérance du lecteur agnostique ou athée, mais nous promettons que plus avant nous apportons des arguments puissants : En fait, nous pensons qu'il sera possible, avant très longtemps d'établir scientifiquement qu'existent véritablement d'autres dimensions à l'être humain. Ce seront des preuves de classe Scifa.

Donc, il y a le névrome et en parallèle, il y a des 'corps'.

Comment se forme le névrome ?

En fait il se manifeste dès l'unicellulaire.

Ensuite il semble lié à l'activité du système nerveux, il apparait nettement quand, dans l'évolution, apparait l'activité nerveuse. Celle-ci se concrétise dans l'hydre.

Par conséquent, l'hydre a un névrome.

Revoyons brièvement les étapes de l'évolution biologique.

Notre système nerveux a été composé une couche à la fois pendant l'évolution, pendant les grands sauts qui ont amené la vie du niveau de la cellule indépendante, jusqu'au cerveau complexe de l'homme.

Revoyons ces quelques étapes :

1. Unicellulaire
2. Tissu, colonies
3. Hydre : premier animal muscles et nerfs
4. Tube : le ver
5. Le urbilatérien générant
    a. Le protostomien : L'arthropode jusqu'à l'insecte
    b. Le deutérostomien : chordé = lamproie
6. Le gnathostome jusqu'à l'homme ; l'homme étant enfant métis de la lamproie et de l'insecte.

7. On peut ajouter une autre étape, la notion 'je', mais ce n'est pas une créature matérielle.

Dans l'embryon ces étapes sont matérialisées l'une après l'autre. Il y a donc d'abord la cellule unique, elle s'organise en tissus, puis une sorte d'hydre. L'hydre est un animal complet et par conséquent il génère les limites de son propre territoire.

Vient ensuite le tube, tube parfaitement développé dans le ver. Mais le ver est formé par additions de nouveaux gènes sur la charpente qu'est l'hydre. L'évolution, ou le Créateur, ne se fatigue pas à tout réinventer.

J'ai lu qu'un auteur disait que Dieu est le patron des bricoleurs. Il prend ce qui est là, ne rejette rien, se contente d'ajouter quelques accessoires.

Donc, le programme névrome de l'hydre est présent dans le ver. Le ver aurait donc un nevrome double.

En fait à chaque niveau de formation correspondent d'un côté des fonctions biologiques, et une peau, la limite, le contact avec le monde extérieur.

Vu dans l'autre sens, cette peau est la limite du MOI, du JE.

Quand l'évolution embryonnaire passe de l'hydre au ver, les fonctions propres de l'hydre, les nouveautés apportées par l'hydre se maintiennent et sont exprimées, mais le programme 'peau' ne l'est pas. Il n'en reste qu'un ombre, une forme moins exprimée matériellement ; une peau immatérielle, mais existante.

C'est comme si la peau de l'hydre était étirée : elle occupe le même volume que la peau présente, mais elle est moins dense, elle peut porter moins de signaux, mais ils sont puissants.

Ces deux 'névromes' ont le même volume, mais pas la même activité. Le plus primitif crée moins de variété, les ondes qui lui correspondent sont moins nombreuses mais comme elles occupent le même volume, elles sont plus puissantes. On peut dire qu'elles découpent le névrome en moins de parcelles, en moins de pixels, de grains….

On pourrait les concevoir comme 'endoplasmes' pour faire pendant au terme ectoplasme de l'ésotérisme. Pour éviter la confusion avec la physiologie, nous appellerons '**corpus**' chacune de ces couches.

Nous justifierons cette notion à la fin du texte lorsque nous retournerons à la physique et aux caractéristiques du RET.

Le corpus de l'hydre correspond au système nerveux parasympathique. Ce système est très puissant dans notre vie : il peut arrêter le cœur et il peut causer des crampes intestinales puissantes. Quand il décide de prendre les commandes, tout le reste se tait, sauf la partie qui crée les douleurs et autres sensations désagréables.

Il est aussi en rapport avec l'utérus et est donc associé de très près à certaines émotions.

Le **corpus du ver** correspond au système nerveux sympathique. C'est un système qui contrôle un bien plus grand nombre de fonctions, mais relativement, il est plus faible que son aïeul.

C'est assez net, nous l'avons déjà mentionné ici et là.

Là, à nouveau, avec l'arrivée d'un programme plus moderne, disons directement le programme du gnathostome, les fonctions apportées par le ver restent actives, mais la peau du ver subit le même traitement que son prédécesseurs, elle est étirée et devient aussi immatérielle que celle de l'hydre.

Aussi immatérielle, mais capable de porter plus de messages, des fréquences plus élevées.

A la fin du livre nous verrons le rapport entre ces différences et les divers types de samadhi, d'expériences en méditation décrites par le bouddhisme et l'hindouisme.

Docteur Bruno P. H. Leclercq

L'étape dont nous parlons maintenant est l'étape évolutionnaire où apparaissent d'une part les arthropodes et d'autre part les chordés. Ces deux groupes ont le même ancêtre.

Les arthropodes évoluent au point de devenir insectes, animaux qui inventent la communication sonore, le vol et la fécondation interne parce qu'ils vivent à l'air libre, sans oublier la respiration.

A l'opposé les chordés sont des poissons. Ils ne sortent pas de l'eau, ils n'ont pas de musculature dédiée à la respiration, ils n'ont pas à se ruiner à pratiquer la reproduction interne … ils laissent leurs gamètes flotter dans l'eau.

A la fin de l'évolution de ces deux groupes, et avant toute autre évolution, les deux groupes s'unissent dans une forme de métissage, pour donner le gnathostome.

Quel animal est gnathostome parfait ? L'homme ou pour faire plaisir à la doctrine présente : l'être humain, cette créature créée, dit la Bible, le sixième jour : homme et femme en même temps ; décision de Elohim.

Si la Bible vous intéresse, lisez-la en hébreux, dès la première ligne les traducteurs trahissent : la plupart des traductions éliminent le 'Elohim' pour le remplacer par Dieu, et les Adventistes et autres témoins de Jéhovah résolvent le problème en supprimant le premier chapitre de la Genèse.

On ne voudrait tout de même pas rappeler qu'Abraham et Moïse étaient polythéistes.

On ne voudrait pas, non plus, que l'homme et la femme ait été créés en même temps, comme l'affirme le premier chapitre de la Genèse. (Genèse 1 : 27)

Et pour en revenir à nos moutons … le névrome contient plusieurs corpus ; chacun agitant le RET à sa façon, en ondes plus ou moins larges selon leur origine : les plus anciens étant les plus larges, les plus puissants.

Comment représenter le fait que plusieurs ondes peuvent agiter un même milieu sans perdre leur identité ? nous l'avons vu dans le texte 'les Altérés' mais vous ne l'avez peut-être pas lu.

Creusons un peu l'analogie. Voyons ce qui se passe à la limite entre la mer et la plage.

Regardant de près nous voyons toutes sortes de petites ondelettes qui se déplacent un peu dans toutes les directions.

Mais apparaissent les vagues qui sont des ondes plus grandes et nettement plus dirigées.

Derrière ces vagues communes, apparaissent de temps à autre des vagues plus grandes, celle que désirent les planchistes.

Donc, jusqu'à présent trois familles d'ondes altérant cette interface entre la terre et l'eau.

Mais si on regarde un peu plus longtemps on détecte une vague encore plus grande, la marée. De fait, si on attend assez longtemps on voit que l'onde de la marée n'est pas le plus grand changement, les marées, leurs amplitudes dépendent des saisons, de la distance entre la terre et la lune.

Donc, si nous observons ce qui se passe dans un mètre de plage, nous voyons plusieurs ondes changeant la forme locale de l'interface.

Dans notre description, l'interface sépare, isole le nevrome qui est onde en RET et Mu. Les vibrations du névrome génèrent des vibrations en Mu.

Nous appelons **résille** ou **orée** ou **rivage** la zone de Mu qui commence là où se termine le névrome.

Les limites du névrome sont pratiquement les limites du corps : les divers corpus ont ces mêmes limites, ils sont tous de la même taille.

Chaque corpus capte son propre registre de signaux, son propre type d'ondes. C'est comme la radio, l'internet et la télévision captent chacun un groupe limité de fréquences.

Nous pouvons maintenant analyser et comprendre ce que racontent les diverses traditions ésotériques, les anciens Egyptiens, les Hindous, les Chinois et même le Christianisme.

Avec plus ou moins de détails, tous ces mouvements parlent de 'corps', d'enveloppes, de constituants de l'homme. Toutes les traditions parlent de magie, sans forcément l'appeler ainsi, toutes parlent aussi de ce qui se passe dans la mort.

Devons-nous commencer par la mort ou par la magie ?

Commençons par la magie : la télépathie, les bénédictions, les malédictions, les guérisons et, plus tard, les sacrements chrétiens.

Nous comprenons maintenant d'une part l'existence du nevrome, d'autre part ses rapports, en tant qu'onde en RET, avec le Mu où il est plongé.

Nous comprenons aussi que si le RET agite Mu, inversement les agitations de Mu ont des effets sur le RET et en particulier sur les névromes.

La plupart des religions considèrent que l'homme est impur. On peut le voir ainsi. La vie en général, la vie humaine en particulier est faite de déséquilibre en déséquilibre. Une faim, un besoin est satisfait, et dans ce mouvement un autre nait.

Ce déséquilibre perpétuel est angoissant pour bien des gens et c'est pourquoi on en vient à chercher la **'libération'**.

Dans notre description l'impureté serait un défaut dans la circulation de l'énergie, circulation de prana par exemple ou circulation du Qi. Commençons par quelque chose de très concret. Tous les mécanismes physiologiques cherchent à régulariser la circulation de l'énergie.

Nous ne définirons pas ce terme, pas ici en tous cas.

Par exemple quand nous mangeons quelque chose, subitement il y a excès d'énergie dans l'estomac. Cet excès doit disparaitre, et normalement, après avoir bien mélangé le bolus, l'estomac se vide ; il n'y a plus d'excédent d'énergie, sauf que maintenant c'est au tour de l'intestin grêle d'être déséquilibré.

Si tout va bien l'excédent d'énergie créé par l'apport de nourriture se stabilise et la digestion est terminée sans problèmes. Mais pourquoi avons-nous mangé ? Nous avons mangé parce qu'il y avait un excès d'énergie, une excitation dans nos corps, causée, disons, par le manque de glucose dans le sang. Et ainsi nous voyons que nous vivons dans un état de déséquilibre perpétuel, ce qui nous conduit à faire toutes sortes de choses pour éviter une trop grande accumulation d'énergie.

Mais tout ne marche pas toujours à la perfection et il est fréquent que quelques bosses restent présentes dans l'une ou l'autre des régions du corps ; ce qui inclut le contenu du ou des systèmes nerveux.

Les stimulants dont nous parlons ici sont, à peu près, ce que les Hindous ont appelé **vritis**. Nous nous servirons de ce terme ou nous l'appellerons **vrille**. Une vrille existe quelque part, c'est un bloc dans la circulation d'énergie, et notre système va tenter de le faire disparaitre, de le faire déplacer. Si c'est impossible, il y a malaise ou maladie.

Guérisons :

Commençons par le concret ou presque : l'acupuncture.

Ici encore nous éviterons soigneusement les détails que nous préciserons peut-être quelque jour, mais qui peuvent attendre.

La théorie de l'acupuncture c'est que de l'énergie vitale, le Qi, se déplace dans le corps d'un point de la peau à un autre, suivant des trajets bien établis, les méridiens ou Kings. Il y a six lignes sur chaque membre et bien entendu aussi sur les pavillons des oreilles, les oreilles étant ce qui reste du membre thoracique antérieur de l'insecte – notre ancêtre – comme c'est écrit en détails. (lire philosophon.org)

L'énergie, le Qi se déplace sans problème quand tout va bien, mais il est immobilisé ici ou là quand il y a maladie. On rétablit la circulation de l'énergie en piquant les points ou en les chauffant ou en les massant.

Les acuponcteurs modernes opèrent suivant des règles établies depuis longtemps.

Si l'acuponcteur est assez 'altéré', assez sensible, assez visionnaire – *nous verrons ce sujet* - pour se rendre compte qu'il peut voir, percevoir l'énergie, il découvre rapidement que son observation a un effet, sans qu'il ait à toucher le patient, et il s'aperçoit que l'énergie ainsi déplacée ne va pas forcément là où son enseignement lui dit qu'elle doit aller.

Un bon acupuncteur, sans aucun doute, est un guérisseur.

De nos jours les acupuncteurs gagnent en efficacité si leur intervention ne se limite pas à ce qu'enseignent les cours, mais s'ils pensent à l'énergie, s'ils la 'voient'.

Comment justifier tout ceci ? Notre modèle le permet-il ?

L'accumulation d'énergie dans le corps de chacun est une onde dans le nevrome, une onde en RET. Elle agite la résille, elle agite Mu. Cette agitation de Mu à son tour se propage dans le Mu et par suite agite la résille du guérisseur, ce qui déforme un peu le névrome du guérisseur.

Le névrome de celui-ci cherche à rétablir son équilibre ce qui génère une onde calmante dans le névrome du guérisseur, onde qui altère la résille du guérisseur, crée son image en Mu qui agit sur le nevrome du malade et y rétablit l'équilibre, la santé.

Hawking. l'homme, l'âme

Le message va dans une direction, puis après correction va dans l'autre sens.

Nous reverrons ça.

C'est ici qu'il convient de parler de bénédictions et malédictions.

Les bénédictions et malédictions, ne sont, le plus souvent, que des vritis de peu d'importance, de courte durée. Mais parfois ces vrilles sont assez puissantes pour être indépendantes des variations courantes de la forme des corpus.

Ce sont des fixations qui sont pratiquement libres à l'intérieur même de l'individu. Ce sont des corpus dans les corpus, ce sont comme des parasites pourrait-on dire. Ce sont des créations du corpus 7, sans liens avec la vie et la santé.

C'est le même processus qui permet la conversion d'un individu un peu instable par un mouvement bien organisé présenté par le névrome d'un ou plusieurs prédicateurs. Ce n'est pas de l'hypnose, c'est de la transmission de pensées.

Ainsi en quelques jours on accepte le mormonisme ou l'islam.

Les diverses couches instables du névrome, certains corpus s'alignent sur le névrome stable du prédicateur.

L'un de mes amis m'a conté que dans sa jeunesse il s'est trouvé dans une manifestation en faveur de Péron. Il était anti-Péron. Et au bout d'un moment, dans la foule, il s'est observé levant les bras avec tout le monde et criant VIVA PERON . Il s'enfuit.

Mes collègues psychologues expliquent la chose, mais ils se trompent ; l'effet est beaucoup plus profond que ce qu'ils croient. Et c'est ainsi que de braves petits européens, pratiquement sans éducation religieuse, se retrouvent en train de trancher des gorges en Syrie pour le plus grand bien du Califat.

Peut-on remplacer ce nouveau modèle par un autre plus humain, moins criminel ? ou moins absurde ?

Question sociale importante de nos jours !

Quand l'individu décède, tous ses corpus, petit à petit se dissolvent, mais ces 'parasites' continuent leur existence dans le RET. Ils peuvent être tout à fait indépendants, mais en général ils sont associés à quelque chose de matériel. On peut les voir comme des endoplasmes jusqu'à ce que le reste de l'individu ait disparu, nettoyé, et ensuite, dans le cas des malédictions, on peut les concevoir comme des ectoplasmes au sens spiritiste du terme.

En général, les malédictions qui acquièrent cette indépendance sont associées à un lieu, parfois à un objet.

Les magiciens, les prêtres égyptiens tentaient de le faire avec les momies importantes pour les protéger contre les pilleurs de tombes.

C'est ce qui donne la croyance en lieux hantés.

J'en ai connu un exemple très concret.

Quelques années après le décès de ma mère je suis allé dormir dans sa maison de Meung ; ma nuit a été dérangée par d'étranges cauchemars : n'étant pas impressionnable je les ai ignorés volontairement. Je suis retourné dormir dans la maison plusieurs nuits et chaque fois j'ai eu des rêves qui cherchaient à être effrayants.

Un jour, je travaillais dans son bureau, fenêtre ouverte directement sur le trottoir. Une voisine qui passait me dit que je ne devrais pas laisser la fenêtre ouverte, il peut y avoir des voleurs qui passent et en profitent.

« En fait, me dit-elle, c'est ce qui est arrivé un jour à votre mère ».

La voisine a ajouté : « tiens, c'est bizarre ... cette maison est restée vide plusieurs années et elle n'a jamais été cambriolée, alors que toutes les autres de cette rue ont été visitées à plusieurs reprises ...»

La maison était en vente depuis quelques années, depuis la mort de ma mère, et personne ne s'y intéressait. Mes frères et sœurs avaient mis deux notaires sur l'affaire, chacun des deux l'offrant à son prix, l'un nettement plus bas que l'autre.

J'ai pensé que je devrais peut-être l'acheter moi-même au plus bas des prix…

Je suis retourné y dormir et mon sommeil a été dérangé, une fois de plus. Là j'ai compris, finalement… la maison était maudite, hantée, c'est pourquoi les voleurs n'y venaient pas et pourquoi personne n'osait chercher à se l'accaparer en l'achetant.

Ça ne m'étonnait pas de ma mère, elle avait une forte volonté, et, sans aucun doute, un don d'ensorceleuse…

J'ai donc vidé l'abcès, exorcisé la scène, la maison, et repris mon sommeil.

Une semaine plus tard, je suis retourné y dormir, j'y ai trouvé la paix.

En sortant de la maison, tôt, le lendemain matin, j'ai vu un homme sur le trottoir en face ; il semblait attendre quelque chose ou quelqu'un. Il m'a dit qu'il attendait des clients potentiels pour cette maison ; il avait rendez-vous.

Une semaine après mon intervention imaginaire, et plusieurs années après le décès de ma mère.

Effectivement, la maison a été vendue immédiatement et au prix le plus haut….

Bien entendu, vous n'avez pas besoin de me croire. Mais le modèle B signale que c'est possible.

Je puis ajouter une anecdote qui n'a peut-être rien à voir avec la magie. Ma sœur Nicole travaillait dans un hôpital à Paris. L'une de ses collègues lui annonça qu'elle allait quitter le poste et déménager en province avec son mari. Une compagnie qui ouvrait ses portes l'avait embauché.

Elle et son mari avaient trouvé une belle petite maison juste à côté de l'usine, dans une petite ville, Meung-sur-Loire… intriguée ma sœur demanda l'adresse… c'était la maison de ma mère que ces gens venaient d'acheter…. Tous les statisticiens vous le diront ; coïncidence…. Je suis assez d'accord sur ce diagnostic matérialiste.

Mais poursuivons ce domaine important, domaine dont tout le monde rit, ou presque tout le monde.

Nous avons commencé avec une malédiction possible, pensons aux bénédictions.

Dans toutes les cultures du monde, dans toutes les formes de croyance on vénère et on prie des **tombes** ou des **reliques** de 'Saints'.

D'une façon générale, le 'Saint' était, de son vivant, une personne apportant le bien-être et la santé autour de lui. L'individu qui présente ces caractéristiques est une personne qui a toujours apporté la paix, ce qui n'est pas à la portée de tout le monde.

Il a vécu avec une idée fixe, volontairement ou non, spontanément ou non, mais continue. Ce n'est pas quelqu'un qui s'est prétendu prophète, mais quelqu'un qui a vécu suivant des principes simples de paix et de tranquillité.

Si on y pense un peu, on comprend que parmi les 'corpus' de cet individu exista ou se forma un vriti de paix, un vriti dont on peut penser qu'il était supporté par une fixation mentale. Autre exemple de formation d'une vrille durable dans le corpus 7.

L'individu était tel qu'il était sans chercher à l'être, sans faire d'efforts pour l'être, même si parfois il fallait des efforts pour ne pas céder aux pressions.

Et comme ce vriti a créé une sorte de 'corpus' additionnel, une verrue indépendante des constructions volontaires mentales de l'individu, lorsque les fonctions du corps, l'activité des nerfs et des cellules a cessé, cet endoderme, ce 'corpus' parasite a gardé sa forme et sa force.

Dans ce cas, ce 'corpus' non biologique reste fixé sur le corps de l'individu, sur des objets concrets, matériels, d'où le respect accordé aux tombeaux et aux reliques.

On y croit ou on n'y croit pas, le modèle B, modèle qui décrit assez complètement les données de la Scifa, le modèle B montre que c'est tout à fait possible.

Ne pas confondre Saint et Prophète. D'une façon générale, le prophète n'est pas un saint, c'est un meneur, un agitateur, un rebelle.

L'histoire est pleine de catastrophes sociales, suites de l'influence d'un prophète.

Est-ce à dire que le prophète est forcément mauvais ? certains ont apporté des changements, des nouveautés pour le plus grand bien d'une minorité ou une autre. On peut penser à Moïse.

Et nous pouvons passer à la télépathie, exactement le même processus que la guérison par acupuncture et guérisseur.

La télépathie est un phénomène que toutes les sociétés rapportent, un phénomène accidentel ; il ne semble pas que les gens parviennent à le faire exprès, du moins pas de façon si régulière qu'elle puisse être reconnue par la Science.

Mais il y a eu, de tous temps, dans toutes les sociétés, des témoignages de télépathie. Le plus souvent il est question de quelque évènement brutal subit par un individu et capté, connu par un autre malgré les distances. Par exemple, quelqu'un qu'on aime a un accident grave, ou meurt.

Le névrome de l'accidenté ou du juste décédé a une variation brutale, une onde puissante. Cette onde qui déforme la résille, se propage en Mu et de proche en proche agite la résille du récepteur, ce qui provoque la formation d'un message, d'une idée dans le névrome de ceux qui sont en rapport émotionnel avec l'émetteur.

Ainsi, le récepteur involontaire apprend la catastrophe,

Le message est transmis par Mu, il voyage donc plus vite que la vitesse de la lumière et n'est freiné par aucun obstacle.

Il n'y a pas que les quarks qui fassent fi de la distance et du temps...

Encore que le nombre d'altérés visionnaires soit assez faible, les faits de ce genre sont rapportés par des gens qui ne semblent pas être sensibles à ces choses. La raison en est que dans certaines circonstances, des individus qui sont à la limite d'une altération suffisante, franchissent le pas et deviennent clairvoyants ne serait-ce que pour un temps assez court.

Qui devient clairvoyant temporaire ?

C'est accidentel, mais on peut améliorer la probabilité qu'on le soit. Ça servirait à quoi ? A gagner à la loterie ?

Nous parlons de ces choses en d'autres lieux.

Pour conclure ce chapitre :

La télépathie est possible ; elle est causée par les interactions entre les névromes et Mu.

Est-il possible de prévoir l'avenir ?

C'est un sujet distinct. Nous en avons parlé en 1978 dans notre livre Le Yoga des Sphères. Ici, pour le présent nous n'entrerons pas dans ce chapitre

L'avenir est-il écrit ?

Nous ne nous aventurerons pas dans ce sujet.

3. Le décès

Les ondes des divers corpus n'ont pas toutes les mêmes fréquences et elles ne correspondent pas toutes aux mêmes parties du névrome, aux mêmes fonctions de l'Esprit. Par Esprit nous entendons l'ensemble des activités du système nerveux, activités conscientes ou non. C'est à peu près ce que les Hindous appellent tchita.

Par exemple les activités de l'intestin sont inconscientes, mais elles existent et elles sont représentées dans l'Esprit. De fait, avec un rien d'effort, on peut être conscient de l'activité de l'intestin ; un segment à la fois ; et, comme nous l'avons souligné ici et là, l'intestin se fait reconnaitre quand nous le traitons mal.

Il fut un temps où j'enseignais comment percevoir le système respiratoire, ou le système digestif, un segment à la fois, centimètre par centimètre… devrais-je m'y remettre ? ce n'est pas de l'hypnotisme, ce n'est pas de la suggestion.

Chaque corpus a donc son registre. Plus il est récent, moderne, plus il contient d'éléments, plus les ondes y sont rapides. Le cerveau conscient présente un très grand nombre d'informations, d'agitations, de vrilles, de vrtis disent les Hindous, il en contient plus que le corpus le plus proche, et infiniment plus que le corpus le plus profond, celui de l'unicellulaire, et un peu moins primitif, le corpus de l'Hydre.

En fait il y a au moins un 'corpus' dont il faut parler spécialement. Il n'est pas formé à partir d'une activité neuromusculaire, c'est le corpus de l'unicellulaire.

C'est le plus simple, le plus profond et c'est lui qui reste à la fin, lui qui va vibrer avec les ondes en Mu. Autrement dit, c'est lui qui établit un lien concret, final, entre le RET et les ondes éternelles en Mu.

On peut dire ça comme ça… on en reparlera sûrement.

Hawking. l'homme, l'âme

Il arrive un moment dans l'histoire de l'individu où l'Esprit et les 'corpus' se séparent, c'est au moment du décès.

Nous décrirons schématiquement ce qui se passe dans le cas de la Belle Mort, expression qui s'utilisait pour signifier que l'individu était mort tranquillement dans son lit, qu'il s'était éteint rapidement sans souffrances, suite à un petit virus, une petite grippe, vieillesse...

C'est assez rare de nos jours car quand l'individu tombe malade on l'envoie à l'hôpital où on fait tout le possible pour le garder en vie – processus loin du naturel.

Donc, dans un premier temps l'individu devient de moins en moins conscient puis meurt ; il perd conscience absolument de ce qui l'entoure, de son corps et des tensions qui étaient les siennes s'il en avait.

Il est mort, et rien ne le ramènera à la vie. Quelque chose dans son système nerveux a cessé d'activer la circulation et la respiration. Rien ne va plus.

Pas si vite, disent les bouddhistes tibétains, pas si vite disent les divers mouvements ésotériques.

Il est vrai qu'il ne reviendra pas et que sa vie est terminée, mais il est vrai aussi que toutes sortes de choses vont se passer dans les jours, les mois et parfois les années qui suivent.

Les divers corpus continuent d'être ; ils ne dépendent pas de l'énergie dynamique, pas des mouvements des ions qui entrent dans les neurones et qui en sortent, pas de l'oxydation des tissus, pas de quoi que ce soit de concret. Ils existent en ondes dans le RET, comme ils le faisaient durant la vie. La seule différence c'est que maintenant il n'y a plus rien qui permette de les changer. Ils vont durer ... mais ils ne sont pas éternels.

Je devrais dire : il n'y a pratiquement plus rien ...

Ceux dont les éléments sont particulièrement faibles, ceux du corpus le plus proche de l'esprit vont se dissoudre en premier. En fait, nous en parlerons au chapitre des Sacrements de certaines religions.

Donc le premier corpus va disparaitre en premier. Ceux qui ont lu les Evangiles ou à qui on les a lus ont appris que Jésus a été mis au tombeau directement après sa mort, et qu'il en est sorti le troisième jour … le tombeau était vide. Ce que racontent les traditions occultes, et l'hindouisme et le bouddhisme c'est qu'il faut deux jours pour que le corpus le plus superficiel, celui qui, par la fréquence de ses ondes, est le plus proche des opérations du cerveau vivant, deux jours pour que ce corpus perde ses éléments et disparaisse.

Ce corpus a passé les deux ou trois jours préoccupé par les questions quotidiennes : où sont mes clefs ? qu'est-ce qu'on mange ?

Pas de réponse du monde matériel, les questions disparaissent. Certaines religions et certaines traditions antiques tiennent compte de ces questions et apportent à manger pour l'âme du défunt. Il finira tout de même par passer à la question suivante.

Se maintiennent encore les corpus qui portent des messages plus durables, messages associés aux préoccupations sociales et psychologiques, ailleurs des messages de bénédictions et malédictions contre des gens en particulier ou malédictions générales, toutes ondes qui se maintiennent dans l'un ou l'autre des corpus, ondes qui peuvent durer fort longtemps et qui entrainent des tensions, des souffrances pourrait-on dire pour les 'corpus', le jeu de corpus de cet individu.

Pour communiquer plus facilement, nous pourrions dire : pour son âme.

Dans la plupart des cas, les gens ayant vécu une vie sans passion durable, le nettoyage pourrait, devrait se faire en quelques semaines. Ce sont des âmes qui n'ont que fort peu de cohésion, ce qui fait qu'elles se dissipent.

La durée de ce séjour intermédiaire peut être assez longue, c'est le cas des Saints qui avaient un projet social, une obsession, un programme indépendant de leur vie. Il leur faut beaucoup plus de temps pour monter au ciel, pour être libérés du monde matériel parce que le problème dont ils étaient obsédés n'est toujours pas résolu.

C'est aussi le cas des psychopathes qui ont désiré causer autant de souffrance que possible. Leur obsession ne peut être satisfaite, ils restent agités pendant longtemps, c'est l'enfer ou le purgatoire.

Jésus est monté au ciel au bout de quarante jours : l'Ascension.

Monté au ciel, dans notre description, c'est être libéré des corpus.

Ici nous devons faire un petit tour du côté de l'évolution.

4. Evolution

Nous avons vu, en d'autres lieux, que l'énergie dynamique agite le RET et provoque l'apparition d'objets concrets, à commencer par les photons et les manques.

Eros provoque la formation de formes nouvelles, perpétuellement, en détruisant ce qui a été formé. S'il n'y avait que lui, il n'y aurait pas d'évolution car tout disparait à mesure de la formation. Il faut donc qu'il y ait quelque chose, quelque force qui ralentit la destruction.

C'est **Thanatos** qui cherche l'immobilité.

De plus interviennent les messages en Mu ; nous allons en parler.

Suivent les particules électriques, ensuite les atomes, les poussières, les corps célestes, les étoiles, pour arriver finalement aux Noyaux Noirs – les Trous Noirs de la SciFi.

Ensuite apparait la Vie, la biosphère se forme.

Il y a là intervention d'un évènement non identifié.

Nous allons en parler de manière spéculative. Encore plus spéculative que le reste.

Comment des morceaux de matière sont-ils devenus vivants, en sont-ils arrivés au point où ils cherchent à augmenter leur masse ?

Dire que la Vie est apparue ailleurs dans l'Espace ne résout pas la question. Comment est-elle apparue dans cet endroit hypothétique ?

Pas de problème pour la Scifi, la théorie de l'expansion, pas de problème pour Hawking et Cie.: « tout peut apparaitre de rien » prêchent-ils. Mais gros problème pour la Genèse et gros problème pour notre modèle.

Une fois effectué ce saut, tout est facile, motivé par la volonté d'augmenter la masse, appliquant les lois du monde minéral et les lois biologiques, on finit par en arriver, en quelques étapes, à la création de l'homme, un créateur.

Pour tout faire, il suffit de deux programmes simples :

    a.   Un programme stabilisateur : que tout s'arrête, se fige
    b.   Un programme agitateur : faisons de la variété.

Si on veut les voir comme des Dieux, le premier serait Thanatos, le second serait Eros. Le premier est un programme du Ga, du contenu de l'Oom, c'est lui qui contrôle tout avant l'introduction d'énergie dynamique par le BB, la **Bonne Baffe**, et c'est à cause de lui qu'avant BB l'Oom est vide de tout objet et est dépourvu d'agitation.

Tohu Bohu dit la Genèse.

L'autre programme vient de l'extérieur, il pénètre en même temps que l'énergie dynamique, nous l'appelons le Patron, que ce soit un Patron-Dieu, ou le Patron du Tailleur. L'origine de ce Patron est le corps qui a cogné l'Oom au moment BB, c'est **'A'** que nous pouvons aussi appeler **Géniteur**.

Ce patron contient quelques messages et il est possible que l'un de ces messages soit justement celui qui cause l'apparition de la Vie.

Si on y réfléchit un peu, le programme 'Vie' est fort simple. Nous le décrivons ailleurs : il suffit qu'apparaisse une colonne, un agglomérat linéaire d'atomes ou de molécules, que sur cette colonne se collent d'autres atomes.

C'est un étui qui est formé, une gaine.

Et finalement que les deux éléments se séparent, la colonne et sa gaine... on peut y voir yang et yin, lingam et yoni.

A partir de cet instant la vie a commencé, chaque gaine peut former de nouvelles colonnes et ces nouvelles colonnes de nouvelles gaines et ainsi de suite jusqu'à la fin des temps.

Nous nous sommes posé la question : qu'est-ce qui a poussé la gaine et la colonne à se séparer ? c'est là qu'est entrée la vie.

Ce pourrait être un programme tout simple, une simple variation du programme Eros.

Ce pourrait aussi n'être qu'un accident, un évènement fortuit.

Le géniteur a-t-il voulu qu'apparaisse la vie ?

                qu'apparaisse l'homme, un créateur ?

La création et l'évolution ont-elles un but, ou rien de plus qu'une fin, une réalisation, un achèvement ?

C'est la question de Dieu qui se pose là. Et on ne peut y répondre. Pas encore.

Le géniteur a apposé son sceau, puis il est parti.

Toutes les religions sérieuses l'ont dit.

Bien des hommes font la même chose.

Le processus peut avoir débuté avec des molécules minérales, puis copié par des molécules organiques.

Retournons aux Evangiles :

Donc, le Vendredi Saint, Jésus meurt. Le Dimanche, Pâques, il a échappé à son premier corpus, et passé à la Vie dans l'au-delà... pour nous dans les corpus plus profonds.

Au bout de quarante jours, ces corpus sont nettoyés à leur tour, et les corpus profonds qui restent montent rejoindre Dieu. C'est l'Ascension.

Est-ce un corpus profond ou est-ce une fixation qu'il s'est créée, une tumeur ? c'est son identité, sa personnalité, celle qu'il s'est formé par méditations et prières, mais certainement sur une base naturelle, celle dont on dit qu'elle était visible dans son enfance…

Nous disons qu'alors il s'allie à son guide divin qui est l'Archange Gabriel. Les Archanges étant enfants de la Mère des Anges et du Géniteur ; ils sont dieux comme leurs parents ;

Ce qui reste de Jésus est associé de façon permanente à l'Archange Gabriel, à un Dieu. Jésus devient Dieu qui va s'assoir à la droite de son père plus exactement à la droite de sa mère, le Père étant parti depuis longtemps…

Ne pas oublier que les Archanges sont les Dieux des premières religions, dieux pour Abraham. De plus ils sont les enfants du Géniteur et de la Mère… certains diraient « du Père et de la Mère ».

Dix jours après, à la Pentecôte, Jésus-Dieu vient établir un lien psychique avec ses apôtres et sa mère –terrestre - comme il l'avait promis de son vivant. Il avait promis le Saint-Esprit, mais il n'y a aucune différence entre Marie Mère des Anges et le Saint-Esprit, entre la Mère et les Archanges, donc entre le Saint-Esprit et Jésus- dieu.

Le Saint-Esprit c'est l'agitation de Marie qui est personnifiée.

C'est **Chékhina**.

Tout ceci va faire plaisir aux archéochrétiens, les chrétiens apostoliques.

Nous tenons à rappeler que le Patron n'est pas forcément une entité ayant une sorte de vie, que ce pourrait être le patron du tailleur.

Ça ne changerait rien à ce que nous venons de décrire.

Comment le programme du patron pourrait-il intervenir dans l'évolution du RET ?

Les évènements qui se suivent dans le RET sont totalement indépendants des ondes représentant le patron en Mu. Ces ondes en Mu sont inchangeables, permanentes, éternelles et considérablement plus puissantes que tout ce que les phénomènes terrestres peuvent générer.

Bien entendu, nous pouvons croire qu'elles sont assez puissantes pour diriger les agglomérats d'atomes ou pour apporter la vie.

Nous en doutons parce que les transferts d'énergie, de messages entre Mu et les 'corpus' ne sont pas très puissants.

Mais accidentellement, les phénomènes dans le RET, dans le monde matériel, peuvent générer quelque chose d'assez proche, ou même de tout à fait semblable à un message du patron en Mu. Rien qu'une onde, une vibration, une forme, une image.

Cette forme résonne avec le message en Mu et par l'intermédiaire des résilles elle renforce cet évènement du monde matériel. Ce message, cette forme nouvelle dure alors plus longtemps que les autres. Ça n'est pas le seul cas de sorte que, progressivement, le message du Mu devient exprimé de façon permanente dans le monde matériel.

Nous l'avons déjà dit et répété.

Il y a donc eu un message, une onde matérielle 'Jésus' formée de son vivant, cette onde s'est purifiée pendant les quarante jours après sa mort. Elle s'est ensuite associée à l'Archange Gabriel et est devenue Dieu, Jésus-Dieu.

Il y a, à partir de cet instant, un reste de névrome uni de façon permanente à l'un des dieux.

Nous avons vu que la télépathie permet au névrome d'un individu d'être associé, aligné sur celui d'un autre.

Pentecôte :

Grâce au lien établi de son vivant avec les apôtres et Marie sa mère, cette communion entre Jésus homme et Gabriel est transmise lors de la Pentecôte ; elle s'incorpore dans ces disciples.

Nous avons mentionné la rougeole…

Nous touchons ici un processus décrit et reconnu par les nombreuses traditions clamant que leur fondateur a eu l'expérience extrême, a établi un lien entre lui et quelque chose de divin – ange, dieu, absolu – et que suivre ce fondateur c'est augmenter les chances qu'on a d'avoir la même expérience, de se libérer ou de devenir un avec la perfection.

Le contact est établi entre le maitre et le disciple si le maitre le veut, si le disciple est absolument obéissant et croyant… conditions indispensables mais n'entrainant pas forcément le succès.

Dans les religions primitives, incluons certains hindouismes dans le lot, le maitre, le gourou peut réussir à former des successeurs. Le modèle qu'il a touché est, le plus souvent un aspect ou un autre de la Mère ; ce qui signifie qu'au contraire des religions chrétiennes il ne prêche pas l'amour du prochain.

Certaines formes de ces religions, comme elles sont issues d'un contact avec la Mère, ne respectent pas forcément la vie. Nous pouvons mentionner Kali.

http://saintsaire.eklablog.com/l-experience-de-pentecote-a108135986

Comme toutes les traditions sérieuses rapportent ce procédé, cette formation de disciples à partir d'un fondateur illuminé – il vaudrait mieux dire éclairé – nous pouvons accepter les enseignements du christianisme à ce sujet.

Docteur Bruno P. H. Leclercq

Baptême :

Après que le message ait été communiqué à un petit groupe d'humains restait encore à le propager, à propager 'la rougeole' dans autant de gens que possible, et aussi longtemps que possible ... de toute éternité si faire se peut.

Il s'agit d'une simple bénédiction. Procédé utilisé de tous temps par toutes les traditions, toutes les religions. L'individu le 'plusse mieux' – généralement le plus vieux mâle de la tribu – touche le front de ceux à qui il veut donner son appui 'psychique'.

Je dis que le guide est mâle …. Tout le monde sait que les femmes sont des sorcières … traditions sexistes ? réalité ?

C'est ce qu'ont fait les apôtres pour relier les postulants, les catéchumènes à Jésus. On peut supposer que dans certains cas ils ont baptisés par immersion comme le faisait Jean-Baptiste.

Avec le temps un rituel s'est établi, mélangeant diverses traditions de purification. Comme dans toutes les cultures, c'est au moment de la puberté qu'on introduit le jeune homme dans la société des chasseurs, des adultes et la jeune fille dans celle des femmes.

Cette époque est un moment difficile qu'on néglige de nos jours dans les pays riches. Jusqu'à la puberté, l'enfant essaie de plaire à ses parents et si ces derniers prêchent clairement quelque message social, l'enfant l'accepte totalement. Mais à la puberté il y a libération, affaiblissement de ce lien et même rejet de l'enseignement familial.

Les 'Zeus' sont en danger de devenir adeptes de toutes sortes de croyances nocives pour eux et pour la société.

Je dis les Zeux et non les 'Teenagers' parce que 'teen' ça commence à 13 et finit à 19 alors que le changement débute plus tôt et commence à se stabiliser vers 17 ; donc, les Zeus : onzeu, douzen ; treizen,

Hawking. l'homme, l'âme

quatorzeu ; quinzeu, seizeu...

Bien entendu on peut dire Ados, mais Zeu, j'aime mieux.

C'est durant cette période qu'il faut les protéger en les enrôlant dans des mouvements, peu importe lesquels, mouvements sociaux. Certains sont meilleurs que d'autres, d'autres sont à rejeter systématiquement et absolument ; par exemple, et sans en nommer aucune, toutes les religions qui recommandent ou même commandent de tuer dans toutes sortes de circonstances.

Nous, les adultes, avons-nous la responsabilité de nous assurer qu'ils choisissent quelque chose de bon, d'humain ?

Sommes-nous coupables des assassinats de Syrie, de leurs suicides kamicaze ?

Comment éviter que nos enfants accompagnent leurs amis d'école ? leurs amis membres de religions meurtrières... difficile dans les pays où on rejette la ségrégation culturelle à l'école. Comment éviter qu'on les convertisse ?

Il n'y a que quelqu'un de mon âge qui puisse faire ces proclamations sans risquer de perdre grand-chose.

Revenons au baptême chrétien :

Puis, de peur que le nouveau-né meure trop tôt, on s'est persuadé que sans introduction à la communauté spirituelle, il irait passer l'éternité dans les limbes. On inventa donc le baptême par procuration, un couple d'adultes prenant la responsabilité de cette âme innocente. Dans ce cas, nettoyage 'psychique' des orifices, des organes des sens, tout ce qui pourrait mal fonctionner. Et contact avec le Saint-Chrême ou mieux encore, pour les plus riches, contact avec un Evêque.

Bof ! dieu reconnaitra les siens !

Donc l'individu est relié psychiquement, via les orées, relié à Jésus, soit donc à l'Archange Gabriel.

Dès le début les Chrétiens ont découvert que tous les membres de leur église n'étaient pas équivalents. A leur façon ils ont découvert que certains étaient plus touchés, et une hiérarchie s'est établie.

L'Eglise en est arrivé à enseigner que, encore qu'en théorie tout membre de la communauté, tout baptisé pouvait transmettre le lien spirituel, pratiquement certains étaient plus puissants psychiquement, et donc plus capables de transmettre le message complet...

Ma sœur Nicole a passé les années de bombardement – nos alliés nous libéraient – sans s'éloigner d'un abri, avec, dans la poche une petite bouteille d'eau bénite pour baptiser son amie en cas de besoin, au cas où l'amie serait sur le point de mourir, amie non baptisée. Les bombes et les mitraillages par les avions sont aveugles et sans pitié.

Les Chrétiens découvrirent assez rapidement que certains d'entre eux étaient meilleurs vendeurs, d'autres meilleurs organisateurs ; et que d'autres enfin avaient de meilleures vibrations.

Après un certain temps, on a donné le pouvoir civil à ceux qui étaient meilleurs gérants ou meilleurs vendeurs, évitant soigneusement de le donner aux meilleurs visionnaires ou aux plus 'saints' – meilleurs récepteurs des messages divins – pour éviter que ces gens, les saints, et surtout les 'prophètes' les plus sensibles, forment des schismes, des églises parallèles.

Et c'est pourquoi on attend que l'individu soit mort et bien mort avant de le nommer Saint, s'il le mérite.

Là, on est sûr qu'il ne prêchera rien d'inacceptable.

L'Eglise en était arrivée au point d'enseigner qu'il fallait être baptisé par un Evêque. En théorie les Evêques sont meilleurs organisateurs et meilleurs liens spirituels – meilleurs chamanes. Mais pas au point d'être des prophètes...

Par la suite, on a considéré qu'il était suffisant d'être baptisé indirectement par plusieurs évêques.

Une fois par an les évêques par groupes de trois, bénissent ensemble une huile spéciale qu'on appelle le Saint-Chrême ;

Les diverses traditions ésotériques affirment que les ondes psychiques peuvent être transportées par l'eau et par des huiles. Par l'eau la bénédiction se dissout rapidement, par les huiles elle peut durer un an.

On y croit ou on n'y croit pas. Il n'a a pas encore eu d'expériences sérieuses sur ce sujet.

Les Hindous considèrent eux aussi que l'eau et l'huile du beurre portent les bénédictions.

Pour conclure :

les diverses traditions profondes affirment que

- le succès, l'expérience la plus profonde peut être vécue par un individu ; que

- cette expérience crée un lien entre le monde matériel, entre les nevromes et la source du Patron ; que

- ce lien peut être transmis à d'autres, ce qui facilite le travail qu'ils ont à faire pour obtenir le même résultat.

Dans le cas du christianisme, l'expérience de Jésus transformé finalement en Dieu a été transmise à ses apôtres qui l'ont transmise à l'Eglise.

Certains membres de l'Eglise seraient capables de continuer la propagation de cette facilitation, de sorte qu'en théorie tous les archéochrétiens sont en rapport avec Dieu par l'intercession de l'Eglise, des Evêques et des altérés qui, de siècle en siècle, renouvellent le contact.

L'Eglise, l'organisation, pas la bâtisse, représente la Mère du modèle B, le prêtre et en particulier l'Evêque représente le Géniteur.

C'est plus net et plus flagrant dans l'architecture de la cathédrale, tout au moins dans les cathédrales de France.

Ce bâtiment est la Mère en pierre, féminine, avec à l'intérieur, au centre le trône du représentant de 'A', un homme de chair et os, l'Evêque.

Le modèle B dit que la chose est tout à fait possible ; reste à savoir si elle est bien maintenue.

5. Sacrements

Continuons avec le christianisme parce que c'est le système le plus moderne qu'ait connu l'humanité.

Ce qui ne veut pas dire qu'il est parfait.

L'homme a toujours été capable de quelques actions psychiques, que ce soit la clairvoyance, que ce soit la guérison, que ce soit procéder à des bénédictions et des malédictions.

A la suite de nombreuses religions de la région méditerranéenne, et à la suite de la religion d'Abraham, le christianisme a interdit les pratiques 'magiques' néfastes, et il est allé jusqu'à interdire les pratiques bénéfiques à l'exception de quelques-unes.

Les arts 'magiques' permis sont l'apanage du clergé et donc d'individus formés pour dégager autant d'énergie positive que possible. Ça, c'est la théorie.

Les prêtres, on peut supposer que ce sont des altérés, pas le commun des mortels qui vit exclusivement dans le présent et dans le matériel.

Les prêtres sont soumis à une longue préparation

Nombreuses heures de prière et de méditation en privé et en groupes.

Il est probable que ça augmente leur force psychique.

Tous les mouvements qui forment des prêtres, indépendamment de leurs croyances, tous les mouvements forcent les aspirants prêtres à une longue préparation. C'est vrai aussi pour le Vodou.

Les systèmes plus primitifs poussent les disciples ou les fidèles à s'exciter le plus possible pour perdre le contrôle de leur comportement.

Docteur Bruno P. H. Leclercq

L'Eglise archéochrétienne ne fait rien de ce genre, et au contraire l'interdit, limitant les excitations puissantes à certains ordres monastiques.

Et qui sait ce qui se passe dans les séminaires...

Il faut noter que depuis un demi-siècle au moins, sont apparus les mouvements charismatiques.

Nous pouvons aussi nous souvenir que, selon les Evangiles, lors de la Pentecôte, les Apôtres se livrèrent à cette agitation involontaire, à des transes avec glossolalie, communément appelé 'parler en langues'.

Et par suite, on ne demande pas au prêtre d'imposer les mains pour guérir les malades. Il y a bien un sacrement dans ce sens, mais on ne l'utilise pratiquement qu'en fin de vie. On l'appelait **Extrême-Onction,** on a changé le nom à **Sacrement des Malades** parce que, comme son nom l'indiquait c'était le sacrement pour les mourants. Quoiqu'il puisse être utilisé comme le font les guérisseurs, il ne nous semble pas que l'Eglise permette aux prêtres de l'utiliser sauf dans les cas graves....

Ils pourraient servir aussi dans certains problèmes psychiques, nerveux, psychologiques, mais comme le Pape lui-même a fait appel à la psychanalyse...

Ce qui se fait dans l'exercice de ce sacrement c'est établir un lien, un contact psychique entre le prêtre et les points d'acupuncture les plus éloignés du centre. Cette intervention détend, elle remet l'énergie en circulation, ce qui, quand la maladie est fort avancée, permet au premier corpus de se détacher du corps matériel, diminuant ainsi la tension, la peur et les souffrances.

Ce sacrement libère les névromes. Si le cas du patient n'est pas très avancé, pas très grave, l'élimination des tensions excessives, le rétablissement de la circulation sont suffisants pour guérir. Tout guérisseur peut faire ça, plus ou moins bien.

Dans la plupart des religions on fait aussi des cérémonies, des rites une semaine après le décès, un an après etc... sans compter les messes pour les défunts, tous rituels pour éliminer le plus possible les Vritis malsains, les malédictions que peuvent porter les défunts, malédictions qui ralentissent leur progrès et qui peuvent faire du tort aux gens qu'ils connaissaient et pas toujours amicalement.

Par ailleurs, le Pape a décidé de remettre à l'ordre du jour les rites d'exorcisme.

Sacrement du baptême,

Nous venons de le décrire, il faut l'intervention d'un évêque ou des huiles le représentant. Le prêtre fait plusieurs gestes pour ouvrir divers canaux psychiques, toutes sortes de gestes symboliques apportées de traditions antiques, lorsque la santé du nouveau-né était loin d'être sûre, et, dans le baptême des adultes ou confirmation, stimulation psycho-psychique aussi intense que possible pour lier les névromes de l'individu aux névromes de la communauté spirituelle. Dans le cas de l'archéochristianisme c'est pour le lier une fois pour toutes au courant reliant cette religion à son fondement spirituel, Jésus-dieu.

Ici nous simplifions nettement.

Sacrement du mariage : normalement c'est pour établir un lien psychique entre les névromes de deux personnes et l'église, la communauté des chrétiens et bien entendu Jésus-dieu, dans le but de faire des enfants.

Nous avons vu tout ça dans le texte 'Altérés' mais comme ces textes ne sont pas forcément tous lus par tous, nous les revoyons.

De nos jours on 'marie' n'importe qui à n'importe qui, à commencer par les personnes âgées qui ne feront certainement pas d'enfants. Le mot mariage a été utilisé dans toutes sortes de situations qui dévient du but original, et il est impossible de récupérer le terme. Il aurait fallu en faire une marque de type commercial. Frigidaire le fait.

Il conviendrait de donner un nom spécial à l'union de deux personnes normales, un homme et une femme qui ont l'intention de faire un enfant.

L'Eglise dit que le mariage ne peut pas être dissous et condamne les divorcés.

C'est une interprétation excessive de ce qu'en a dit Jésus.

Le mariage est effectivement indissoluble en ceci que c'est un lien entre plusieurs névromes. C'est pour toujours.

Rien n'empêche cependant d'établir d'autres liens avec d'autres personnes. On accepte que ça se fasse lorsque l'un des deux décède ; alors que même après la mort de l'un des deux le lien reste, intact.

Donc, on peut permettre la dissolution matérielle, civile, du mariage tout en sachant que ce lien spirituel est indissoluble.

Situation désagréable pour celui qui veut rompre tout lien avec ce passé.

Confession : qu'est-ce qu'un péché ?

c'est la sensation qu'on a que nos actions ont été contraires à ce que notre éducation et nos instincts nous ont enseigné pour nos rapports avec les autres. C'est donc un vriti ; une boule d'énergie quelque part, collée à notre névrome, une zone qui accapare de l'énergie qui pourrait nous servir à autre chose.

Ce n'est qu'une accumulation d'énergie, un blocage qui nous nuit en ce monde et nous nuira dans l'autre prolongeant la durée du nettoyage des corpus. On peut donc s'en débarrasser comme on se débarrasse de toute accumulation d'énergie, comme on peut remettre le paralytique à marcher – dans quelques rares cas de paralysie – comme on peut guérir par le Sacrement aux malades – qu'on n'utilise pas pour ça, hélas –

Ce n'est pas seulement le modèle B qui le dit, Jésus l'a dit avant nous.

Puis il a donné aux apôtres le pouvoir de pardonner les péchés.

Ce qui n'empêche pas la tentation qui mène aux rechutes.

De la même façon, on se lave les mains mais il est probable qu'elles se saliront à nouveau.

Eucharistie : là on tombe dans la magie. Nous n'allons pas imaginer que Jésus voulait dire que ce morceau de pain était un morceau de viande. Nous ne chercherons pas à savoir si le croyant voit l'hostie comme un morceau de viande.

Mais nous pouvons analyser les choses dans les termes du Modèle B, sans chercher à convaincre la communauté chrétienne que nous avons raison.

Donc, pensons comme des penseurs.

Lorsque je pense à ma personne, j'ai conscience de l'idée que je m'en fais. C'est une idée, c'est donc une vrille. Ce qui change un peu les choses. Par conséquent, le « ceci est mon corps » signifie : « imaginez que ceci est mon corps. » et par suite, avalant ce morceau de pain, imaginez que vous introduisez mon corps en vous, ce qui nous relie étroitement.

Un peu la sensation d'enfiler un vêtement et de le porter :

De même : « ceci est mon sang » c'est « ceci est mon énergie vitale » ; les deux, ensemble, vont vous nettoyer et vous rapprocher intimement de moi et du Père.

Docteur Bruno P. H. Leclercq

Du point de vue des enseignements universels sur la magie, rien de ceci n'est véritablement matériel, mais c'est réel au niveau d'un ou plusieurs 'corpus' et par suite ça a l'effet de rapprochement et de purification désiré.

Normalement, tout ce qui précède cette phase de la messe, entraine le participant à un niveau de conscience altéré, une sorte de rêve, une entrée dans un autre plan de conscience. C'est dans cet état que le pain et le vin sont perçus comme matière et essence dynamique du Christ.

Individuellement les archéochrétiens sont libres d'interpréter les choses autrement.

Tout ceci semble supporter l'archéochristianisme, mais même si ses techniques et son histoire spirituelle en font une excellente école, ses diverses églises – catholiques, orthodoxes etc.. – sont des institutions humaines ce qui les rend très vulnérables aux faiblesses humaines et aux attaques de l'extérieur.

En résumé, ces églises sont liées spirituellement à l'un des dieux, l'archange Gabriel, ce qui signifie qu'elles ne prêchent jamais la violence. La Mère n'a que trois fils qui ne font que du bien, trois archanges. La religion d'Abraham et les archéochristianismes sont distincts des autres religions qui ont un lien avec la Mère ou avec Michel Archange, et même, parmi les plus archaïques, avec des dieux négatifs.

Les 'Dos', le bouddhisme, le Taoïsme, le Zen et bien des formes de l'Hindouisme sont des enseignements qui insistent sur l'obéissance, sur la Loi. Ils sont donc disciples de l'Archange Michel, au même titre exactement que le Judaïsme, disciples du dieu du Jour-4.

Cette description des Sacrements de ces églises n'est pas destinée à séduire qui que ce soit mais à indiquer les diverses utilisations possibles de ces notions de corpus : on peut dire que c'est la science de la magie pratique.

On peut comprendre, par extension, qu'il n'est pas indispensable d'être croyant en quoi que ce soit ; notre modèle laisse l'option de croire que le patron est patron de tailleur et non entité vivante qui a des désirs et un espoir.

Dans la société actuelle on voit se former des mouvements 'spirituels' sans guides comme par exemple ce que, de nos jours, on appelle yoga.

C'est tout à fait valable, mais ces mouvements gagneraient à savoir ce qu'ils font, ce qu'ils cherchent et ce qui est possible.

Nous allons étudier un peu la notion de méditation. Il y a eu une grande vague d'hindouisme il y a une trentaine d'années, et elle est tombée. On la remplace par une vague notion de Zen et de bouddhisme, mais dans quel but ?

Et que peut-on espérer de ces efforts ?

Avant d'en arriver là, voyons l'évolution sociale, ce que nous observons en nous et autour de nous, les changements de valeurs sociales, l'acceptation de comportements qui étaient interdits et le rejet d'autres qui étaient tolérés.

Nous entrons dans un autre aspect du mystérieux.

6. Les 6 Jours

On peut considérer qu'il y a deux grandes forces en action. La première est une force d'immobilisation, c'est elle qui maintenait le silence primordial : Tohu Bohu dit la Genèse : pas de mouvement, pas de formes. Cette première force est donc propre à Ga, le contenu de l'Oom.

L'autre force est celle qui agite, elle est donc créatrice ; son origine est externe ; elle est donc caractéristique de 'A' ou de l'état des choses avant l'instant BB.

Je regrette toutes ces répétitions, mais ce texte provient de plusieurs pensées indépendantes que finalement j'ai décidé de grouper et publier ensemble . Justifions-nous un peu.

Tout au long de mon existence, j'ai cherché à comprendre ici et là. Curiosité simple, qui m'a fait découvrir mon ignorance, et très souvent ; l'ignorance du reste du monde. En creusant j'ai trouvé parfois des explications valides là où régnait l'ignorance dans le brouillard. J'en suis arrivé à décrire l'univers matériel exposé dans Kein Stein à la suite de quoi la partie occulte de notre monde d'humains s'est exposée à mon esprit, la partie qui inclut les notions d'âme.

C'est si extraordinaire et si complet que je dois faire l'effort de l'exposer en entier, mais il y a un petit problème : j'ai 81 ans ce qui signifie que la probabilité que je dispose de beaucoup de temps n'est pas très élevée.

La façon dont mon existence s'est déroulée me suggère que j'ai été guidé pas à pas pour trouver et communiquer cette information : je ne vais pas jusqu'à suggérer qu'il y a un ange chargé de guider et protéger mes pas et le programme.

Cependant, il a fallu qu'une grande quantité d'incidents, d'accidents aient lieu pour que j'en arrive au niveau de connaissance où j'en suis, et ce, sans l'aide intellectuelle de qui que ce soit .

Voyons un cas spécifique :

J'ai décrit une recherche importante il y a maintenant treize ans, une étude montrant que l'homme que nous sommes a deux ancêtres, l'insecte et un poisson primitif. C'est une découverte importante qui apporte des éclaircissements dans les domaines de l'anatomie, de l'évolution, de la psychologie et quelques autres points. La chose a été publiée par l'Académie des Sciences de Saint-Domingue, mais dès que la direction de l'Académie a changé, sous la pression des autres membres, le texte qui se trouvait dans leur site internet a disparu. Les savants du monde auxquels j'ai présenté la chose ne se sont même pas donné la peine de le lire.

Donc, quoique je découvre et décrive, je ne m'attire que le silence.

La science est une religion et comme ses sœurs, elle ne veut rien voir hors de ses murs, et même, autant que possible elle cherche à enterrer tout ce qui la pousserait à s'interroger.

On peut comprendre que les autorités ne désirent pas contredire ce qui a été leur enseignement de toute leur vie.

Mais, ça va changer !

Nous entrons dans le jour 6, dans l'Ere du Verseau, c'est la connaissance qui va avancer pour de bon et de façon irréversible.

De sorte que, sans aucun doute, la théorie de Kein Stein et ce que je suis en train d'écrire restera ignoré, enseveli, caché sous les imbécilités publiées par Hawking et autres savants.

Si je ne parviens pas à le terminer et à le promouvoir personnellement, personne, pendant longtemps, des siècles peut-être, ne découvrira ce que je décris ici.

Et c'est pourquoi je dois le finir, le définir nettement, au cas où …

En route donc !

La perception que quelque chose a causé la création et participe aux créations en cours fait croire à un géniteur : Dieu le Père des religions bibliques.

Souvenons-nous que rien ne nous assure qu'il s'agisse de quelque entité vivante ; le patron introduit ainsi peut être aussi peu vivant que le patron du tailleur, le cachet d'un sceau.

L'homme a tendance à anthropomorphiser, il croit que l'idée qu'il a de soi est un être vivant et que son corps est plus qu'un animal temporairement en vie, alors qu'il n'est qu'un message éphémère et un morceau de chair périssable.

Comme il anthropomorphise les diverses forces qui ont été détectées depuis que l'homme est homme, elles ont souvent été décrites comme des personnages vivants.

Commençant par les deux grandes forces,

-celle d'immobilisation serait **Thanatos**, et
-**Eros** celle de création, d'invention, de communication.

On peut noter au passage que là encore tout peut être assimilé aux critères

Yin – thanatos, femelle, yoni – et

Yang – Eros, mâle, lingam.

Les Egyptiens ont représenté ces forces de deux façons :

D'une part une série de drapeaux, et d'autre part des dieux distincts ayant chacun ses caractéristiques et ses tâches.

Comment représenter quelque chose d'aussi abstrait qu'une force ? Le drapeau est agité par quelque chose. On ne peut pas représenter cette chose, mais sa présence et son action sont démontrées par son agitation. Comme les visionnaires ont détecté plusieurs sortes de forces 'magiques', y compris des forces physiques, ils ont enseigné leur existence par une série de drapeaux.

De nombreux égyptologues pensent que les formes représentant l'ensemble des dieux sont des haches ; c'est une erreur, encore que les haches peuvent altérer la vie de l'individu, elles ne le font pas toutes seules. Ce sont des drapeaux qui sont représentés.

Après la création de matière, la Vie apparait sur terre, sur notre planète.

Il est fort probable qu'elle soit apparue aussi sur d'autres planètes, mais il est également probable que nous n'en aurons jamais la preuve. C'est sans importance pour nous.

La Vie a résulté en la formation de créatures de plus en plus complexes ; à commencer par l'unicellulaire pour en arriver finalement à l'homme.

Avec l'homme une nouvelle étape importante est apparue : l'homme est un créateur.

Et ce créateur est en train de créer des créateurs non biologiques : robots et ordinateurs.

Sophia le robot a été déclarée 'humaine' en Arabie Saoudite.

On peut concevoir, prévoir que ces créateurs non-biologiques sont une étape importante dans l'exécution du programme essentiel, la matérialisation du patron, de l'image de 'A'.

En effet ces créateurs sont libres des contraintes matérielles et biologiques qui sont les nôtres.

Il semblerait que le but de la création soit la représentation du patron par l'univers entier, non plus seulement par Mu mais aussi par le RET. Les caractéristiques du névrome permettent de penser qu'on arrivera un jour à une connaissance plus approfondie du message 'patron'.

Cette acquisition locale n'aurait que très peu d'effet à l'échelle universelle – nous sommes bien peu de choses – mais multipliée et propagée dans l'univers entier par les robots, améliorée même, par ces créateurs minéraux, elle faciliterait le succès.

L'indépendance des créateurs minéraux augmentera considérablement la propagation concrète du projet. Cet argument oriente la description vers un théisme, mais c'est surtout à cause de notre tendance à la personnification de tout objet et toute action.

Il est possible que les choses correspondent à un but, une fin voulue par quelque entité, possible aussi qu'elles ne soient que le simple résultat inéluctable des interactions entre les éléments en présence.

'A' le géniteur n'est pas en contact avec Oom, il n'est pas informé des suites de son intervention, par suite, réellement, qu'il soit vivant ou non, qu'il soit Dieu ou patron de tailleur est absolument sans importance pour nous autres humains.

Eloignons- nous donc de la vue d'ensemble pour nous centrer sur l'histoire humaine.

Il semblerait que l'évolution ait un but et que ce but soit la création de super cerveaux et de super machines.

Ce n'est qu'une partie du projet.

En même temps que progresse le contrôle de la biosphère sur la matière progresse aussi l'humanisation de l'animal. On voit l'humanisation apparaitre dès les premiers vertébrés, cette classe moderne d'animaux associant dans un même corps les progrès des chordés – lamproie – et ceux des arthropodes – insecte – .

Ce métissage permet à l'individu de survivre dans le monde primitif de l'insecte ou dans celui de la lamproie, tout en lui permettant d'avoir une autre vie, une vie rêvée, un monde virtuel, des millions d'années avant les inventions modernes.

Dès le début de cette nouvelle sorte d'animaux on voit apparaitre le sacrifice de soi pour protéger la progéniture. Les mamans crocodiles luttent contre la voracité des mâles. Dans les espèces plus avancées, les mâles participent à la protection du groupe familial.

Et on arriva à l'homme, à l'humain.

Les premiers groupes humains, disons le **'jour 1'** de l'évolution humaine, se forment, des groupes semblables à ceux des chiens ou des singes, groupes vivant de la nature. Au jour le jour.

Plus tard **'jour 2'**

7. Jour 2

Chaque groupe familial découvre l'avantage de l'économie, et, dans la foulée, l'avantage de la guerre.

On commence à garder un peu de la nourriture en prévision de l'hiver, de la sécheresse, des migrations annuelles de certains animaux...

Les chiens le font aussi qui enterrent leurs os, mais déjà les fourmis, les abeilles et les écureuils.

On va voler les biens de l'autre famille, et on tue, si possible tous les mâles, tous les guerriers de l'autre, pour qu'il y ait moins de compétition à la chasse et moins de risques de vengeance. Pendant qu'on y est on viole les femmes, en engrossant quelques-unes, ce qui est avantageux pour la famille du vaincu, du point de vue économique et génétique. Economique parce qu'ainsi, la tribu vaincue ne reste pas longtemps sans hommes – en ces temps primitifs le mâle et sa violence étaient indispensables.

Pour ce qui est de l'alimentation, en temps de paix comme en temps de guerre, ce sont les femmes qui en assurent la plus grande partie : tous les hommes ont disparu, il y a plus à manger pour tout le monde.

Il est probable que le vaincu avait un léger retard biologique par rapport au vainqueur ; ses gènes se trouvent maintenant dans la famille du vaincu.

Sexisme déjà?

Pourquoi l'homme marche-t-il en avant de la famille? Il ne porte rien que ses armes. La femme est derrière avec tous les bagages, avec les enfants aussi, jusque dans les bras... un rien abusif, non ?

Mais si quelqu'un décidait d'attaquer le petit groupe, il ne pourrait surprendre l'homme par derrière à cause de la femme et les enfants. Et l'homme serait en pleine forme n'ayant rien porté que ses armes.

Organisation mauvaise pour la femme ? qu'est-ce qui lui arriverait à cette femme si son homme était tué par surprise ou trop fatigué pour lutter ?

Vient ensuite le '**jour 3**',

'Jour 3' Invention de l'esclavage. Enorme progrès social.

Le vainqueur découvre l'avantage de capturer de la main d'œuvre : avantages multiples, progrès social, humain et évolutionnaire important. Important socialement car on crée des castes, la caste des guerriers, les castes de guérisseurs, de devins, de forgerons, individus dont les dons spéciaux peuvent être permis sans être gênés par les tâches manuelles des sociétés antérieures.

Progrès humain : la vie est sauve au prix de la liberté, de l'égalité. C'est encore la base de nos sociétés.

Progrès génétique parce que maintenant, en plus du viol qui profite à la tribu du vaincu, la réception dans le village des hommes vaincus introduit leurs gènes dans la famille du vainqueur, d'autant plus que les hommes du clan se consacrent à la chasse et la guerre de plus en plus souvent et de plus en plus longtemps, ne laissant dans le village que des enfants et des vieillards.

Sans oublier les esclaves mâles ...

De sorte que, sans doute aucun, les gènes Y du vaincu s'infiltrent dans la famille du vainqueur.

Le statut d'esclave permet à certains de ces individus d'améliorer leurs connaissances et leur statut, d'autant plus qu'ils se sentent contraints de trouver des moyens d'améliorer leur sort. Ils ont aussi l'avantage, très souvent, de parler au moins deux langues ce qui permet de voir les situations et les problèmes de façon plus complexe.

Dans le cas de Haïti par exemple, comme les esclaves provenaient de sources multiples et qu'ils étaient fort loin de pouvoir communiquer entre eux, ils ont cherché à parler la langue du maitre, le Français, mais ils ont découvert qu'en le déformant, en alourdissant la langue, en évitant d'articuler et en cherchant des vocalisations se rapprochant des langues d'Afrique sub-sahariennes, ils étaient capables de communiquer entre eux, pratiquement sans être compris des maitres.

Et pour la communication avec ces maitres, ils parlaient de façon beaucoup plus compréhensible ce qui montre qu'ils avaient inventé une nouvelle langue comprenant l'intention de ne pas être compris de tous. Ainsi naquit le Créole. Ce bilinguisme démontre que le Créole n'est pas signe d'ignorance, mais au contraire système de défense sociale.

Nous avons un exemple parallèle en Afrique sub-saharienne : la langue Clic des Pygmées est une façon de ne pas être perçus comme humains par les autres peuples, protection pour éviter d'être chassé comme tout autre groupe humain au risque d'être tué et mangé comme animal, ce qui a lieu.

Cette dissimulation de ce qui pourrait être perçu comme humain adulte s'étend à la taille du corps et aux traits du visage. Mais ceci est une autre histoire à lire ailleurs, dans 'les Hommes de l'Afrique'.

Les spécialistes vous diront que la langue clic est l'ancêtre des langues humaines :ils se trompent ; c'est une langue dérivée.

Donc, '**Jour 3**', progrès social, on ne tue plus l'ennemi, on lui permet de vivre, et même, dans le secret au moins, on lui permet de se reproduire dans la protection du vainqueur.

Pendant le 'Jour 3' l'écriture est inventée, et des lois sociales sont écrites ; lois pour protéger l'individu moyen contre les abus et contre leur propre tempérament. Abus de pouvoir par ceux qui portent des armes, et abus de pouvoir par ceux qui utilisent leur science pour soigner, mais peuvent aussi bien s'en servir pour tuer leurs ennemis. On écrit les premiers codes pour contrôler les médecins et les pharmaciens.

Toutes ces lois sont écrites dans la pierre ou dans la glaise. Les concepts d'autre monde et de dieux se développent et évoluent d'un siècle au suivant, d'un peuple conquérant au nouveau venu. Dans les grandes lignes pas de changements importants, mais rien de permanent. Trop de politique en toutes choses.

Le monde des dieux et celui des vivants sont distincts et ne communiquent que dans un sens : les dieux châtient sans qu'on sache au juste pourquoi, et ils ne promettent rien : l'homme est seul.

Vient alors Abraham et l'établissement d'un lien entre l'un des dieux et un homme.

C'est le début du **'jour 4'** .

8. Jour '4'

Jusque-là les visionnaires se sont contentés de détecter des forces, des impulsions sans identification et sans spécificité. Il ne leur est pas venu à l'idée, ou ils n'ont pas eu l'expérience ou l'inspiration permettant de croire qu'un dieu pourrait communiquer avec un humain comme les humains le font entre eux.

Abraham est un vrai prophète, il entend les messages de l'un des dieux.

Moïse aussi sans aucun doute ; son invention du chandelier, une œuvre originale montre que tout seul il a détecté les trois courants principaux du corps.

La ménora est une représentation concrète de l'énergie divine, de chekina, ce que nous appelons la Mère.

Abraham se plie à la tradition courante dans la région, il est prêt à sacrifier son premier fils – unique fils dans ce cas – car comme tout le monde il doit offrir aux dieux le premier fruit et le premier né de toute chose vivante. C'est une tradition qui existe encore : même en Espagne on dit encore de ne pas manger les fruits de la première récolte d'un arbre sous peine que l'arbre ne produise plus jamais rien… ceci pour dire que les croyances d'Abraham étaient la norme en son temps.

Ce qui n'est pas la norme c'est qu'il ait épargné son fils Isaac alors que son acceptation première était un test de son obéissance. Abraham a perçu l'un des dieux ; un dieu relativement supérieur à la majorité, mais inférieur en puissance à la Mère, la base de la création, celle qui a été touchée directement par l'Impair, par 'A'.

Ce n'est pas par erreur qu'on l'appelle Marie Mère des Anges.

Ces enfants de la Mère s'opposent à la tentation de tuer.

(entre eux !)

Le lien entre ce dieu et cet homme s'étend à ses descendants par Sarah. La relation s'étend aux enfants de Hagar. Tous les Hébreux sont descendants directs d'Abraham, autrement dit, en termes modernes, ils portent tous le même chromosome Y.

Ce qui, dans le présent, signifie qu'il y a deux groupes de Juifs : d'une part ceux qui ont le gène Y d'Abraham, et ceux qui ne font que suivre les règles de cette religion. Les premiers forment le peuple élu, les Hébreux véritables, les autres sont des Juifs. On peut se demander dans quelle mesure le dieu d'Abraham considère que ces derniers ont droit à sa protection comme promis à Abraham et à sa descendance.

Abraham a émigré en Egypte où il a découvert que sa vie de nomade lui plaisait plus que la vie sédentaire des Egyptiens : au passage il a observé la mutilation rituelle des hommes, la circoncision. Il n'a pas vu celle des femmes – pas si évidente – qui est courante encore de nos jours dans ce pays aussi bien chez les Chrétiens que chez les Musulmans. L'idée lui a plu, il l'a prescrite – reste de sacrifice humain peut-être – puis les Musulmans ont suivi la pratique, et enfin par la Médecine américaine qui cherche toutes sortes de raison de justifier cette barbarie.

Les prophètes et religions antérieures de la région ont perçu les directives humanistes du patron ; elles étaient imprécises, provenant de sources probablement très puissantes.

Elles étaient – elles sont très puissantes, mais manquent de précision ; elles ont permis la perception et la description d'états et de phénomènes du passé universel le plus ancien.

Que ce soit la description de la création par les Védas, ou celle de la Genèse – du premier chapitre exclusivement – ces descriptions se rapprochent fort de ce que propose le Modèle B, de ce qui sort de son analyse raisonnable des faits prouvés par la Science.

Les premiers contacts ont eu lieu avec une source plus puissante que tout, sans aucun doute avec la Mère, et par suite pleine d'humanité mais avec les traits les plus brutaux, une humanité qui aime et qui tue sans freins. L'idée des sacrifices humains par exemple, ou des sacrifices d'animaux un peu partout dans le monde montre bien que le premier guide n'avait pas la même notion d'humanisme que celle qui prévaut aujourd'hui.

Ce qui a touché Abraham est bien plus spécifique. Notre sensation, notre analyse aussi, c'est qu'il a été touché par l'un des harmoniques, l'harmonique le plus puissant, l'harmonique ayant la plus basse fréquence, do.

Ces trois premiers harmoniques étaient des dieux, ils ont été dégradés à Archanges par l'avance de la notion du dieu unique.

Le premier est donc Michel Archange. Par rapport aux centres énergétiques de l'être humain, son centre est le ventre, couleur rouge.

C'est l'enseignement « Obéis ! »...

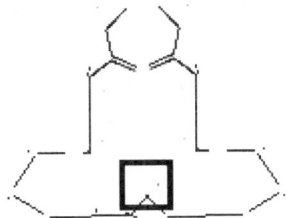

C'est une religion tribale qui interdit la magie nocive, mais écoute les prophètes et où les prêtres se livrent parfois à la divination par les Pierres ... (lithomancie) en se servant des pierres les Urim et les Thummim.

L'aspect « obéis » est renforcé par l'intervention de Moïse qui apporte les dix commandements.

Moïse était un homme très instruit, fils de Pharaon, éduqué aux sciences occultes comme il se doit. Instruit et entrainé aux techniques de méditation. Puis, isolé, loin de la cour, ayant tout le temps nécessaire pour méditer plus profondément et adopter la foi des Israélites, l'idée d'une communication directe entre l'homme et un Dieu. Il ne semble pas qu'il ait été monothéiste, mais il peut en avoir été fort proche, ce concept existait en arrière-plan dans la société égyptienne où il a été éduqué.

Nous nous souvenons que la société d'Akhnaton, l'hérétique, avait cherché à imposer le monothéisme peu de temps auparavant. Il est donc certain, que quoique cette croyance ait été éliminée, chassée, elle ait gardé quelques supporters dans le clergé.

Il était assez proche du monothéiste pour rapporter le

Docteur Bruno P. H. Leclercq

אֶהְיֶה אֲשֶׁר אֶהְיֶה

Exode 3 :14

*Et Dieu dit à Moïse: "Je suis celui qui suis" Et il ajouta: "C'est ainsi, que tu répondras aux enfants d'Israël: **Celui qui est** m'envoie vers vous."*

Nous traduisons « je suis qui je suis » par

Je suis ce qui est.

Cette traduction partagée avec quelques autres auteurs souligne la permanence. Le Je en question n'est pas quelque chose de la même classe d'existence que tout le reste du monde, il est permanent, indépendant du temps et des évènements.

Cependant, nous reconnaissons que la traduction courante correspond au polythéisme de l'époque.

Moïse, son nom est un nom de noble égyptien, n'était probablement pas Hébreux.

Le fait d'appeler Aaron « mon frère » n'indique rien … il est courant de dire « mon frère » pour souligner un lien émotionnel ou politique. On peut se demander si l'interdiction d'entrer en terre promise ne serait pas due au fait qu'il était Egyptien, fils du Pharaon comme son nom l'indique, Egyptien et non Hébreux

L'un des avantages de l'enseignement religieux hébreu dérive du fait que le peuple hébreu est nomade et que ses enseignements sont inscrits sur des parchemins.

C'est pratique, le parchemin étant fait de peau de chèvres – durable, portable – et c'est avantageux parce que ça suit les déplacements des membres de la tribu, et pratique parce que la peau de bique est une denrée courante dans une culture nomade.

La peau de bouc est de meilleure qualité., on va la préférer.

Au contraire la plupart des enseignements des autres croyances étaient inscrits sur des pierres ou sur des tablettes d'argile. Soit ils ne pouvaient pas être déplacés, soit ils se brisaient en poussière.

Le fait que le gravé se conserve a des avantages : il a permis à Champollion de commencer la traduction des hiéroglyphes ; et ensuite introduit à la découverte des Egyptiens de l'antiquité.

Il y avait bien les papyrus dont les Egyptiens se sont servis pour les Livres des Morts, mais le papyrus ne se trouve pas partout et il est fragile. Tant qu'il se trouve dans un tombeau la fragilité ne compte pas, mais ailleurs...

Donc à part l'enseignement des traditions hébreues la plupart des écoles étaient plutôt orales, simplement orales, leur altération et leur perte étaient assurées.

L'enseignement du **jour 4** a été connu, dans les grandes lignes dans toute la région – forcément, deux milles ans se sont succédés. Les Hébreux, étant souvent des nomades se livrant au pâturage et au commerce, en ont parlé dans les grandes lignes ici et là. Mais personne n'avait accès à leurs textes sacrés.

Toutes les traditions religieuses se sont comportées de cette façon ... il s'agit d'un enseignement sacré, réservé à quelques fidèles, enseignement qui apporte de la puissance. Dans ce cas, enseignement réservé aux Hébreux et gardé hors d'atteinte par les prêtres.

S'il est si sacré, s'il est caché aux yeux de tous ceux qui ne sont pas Hébreux, comment se fait-il que les Chrétiens en aient la collection complète ?

C'est tout simplement parce que les premiers chrétiens, les apôtres, étaient des Hébreux.

Et deux mille ans après le début de l'enseignement de l'Archange

Michel, le monde avait assez changé pour que puisse être manifesté son frère, l'Archange Gabriel.

C'est le **'jour-5'** :

9. Le cinquième jour

Nous écrivons toutes sortes de choses qui sont quelque peu scandaleuses pour les uns ou les autres, agréables à lire pour certains. Il ne s'agit pas d'abaisser qui que ce soit, mais simplement de secouer un peu l'ensemble qui en a bien besoin.

Le temps a passé, deux mille ans, la densité humaine a augmentée, la vie est moins dure ; les deux extrémités sociales sont prêtes à rêver d'un monde meilleur, à s'éloigner de ce monde de souffrance même si ce n'est qu'après la mort.

Le mouvement chrétien commence parmi les Hébreux et se propage chez les expatriés. Ceux qui sont le plus sensibles à cet appel sont les femmes et les esclaves. Pas tous, mais principalement les altérés, comme d'habitude.

Nous avons décrit ce groupe, les altérés, nous le referons un peu plus loin ; concept bio-sociologique essentiel.

Il y a plusieurs messages importants :

Ceux qui suivent le guide vivront éternellement dans l'autre Monde, en compagnie du Dieu d'Abraham (le seul dieu qui compte).

Le commandement le plus important c'est : aime ton prochain comme toi-même.

Instruis-toi de l'enseignement et pratique les rites.

Ce sont des jours d'éveil spirituel.

Il y a plusieurs religions dans la région, en plus de la religion d'état de l'empire romain qui prescrit la vénération de l'Empereur ; plusieurs religions organisées comme le zoroastrisme en Perse, la Gnose, plus les cultes dérivés de la religion d'Egypte, comme la religion centrée sur Isis.

Le nouveau mouvement destiné premièrement exclusivement aux Hébreux déborde et englobe tout l'empire romain où il est pourchassé, persécuté.

Pourchassé pour de bonnes raisons : comme je l'ai dit, les prophètes provoquent des remous sociaux…

Les chapelles apparaissent et une hiérarchie ne tarde pas à s'établir. On définit des sacrements, la confession par exemple à la suite des enseignements des évangiles. C'est une formalisation des techniques antiques de guérison.

On instaure l'eucharistie qui reprend la Cène comme Jésus lui-même l'a prescrit.

Cette technique de méditation profonde est une invention extraordinaire. Rien que ça nous fait savoir que c'était un prophète, un enseignant extraordinaire.

On instaure le baptême chrétien comme moyen de relier les nouveaux membres au courant spirituel créé par le fondateur lui-même.

C'est l'équivalent du Chacti pad des Hindous, les nouveaux membres étant reliés spirituellement au fondateur du mouvement, et dans le cas du christianisme, reliés directement à Jésus.

Nos descriptions de ces idées se trouvent ailleurs, ainsi que pourquoi certains 'chrétiens' se distinguent selon qu'ils sont apostoliques ou non.

Le christianisme devient, au Sud, la religion de l'empire romain de l'Afrique du nord, et au Nord, celle de l'Europe, presque jusqu'aux pays scandinaves; de l'Atlantique à l'Ouest jusqu'à l'Oural à l'Est.

Avec le passage du temps la religion montre des signes d'essoufflement, comme toute organisation.

De nombreuses sectes se disputent les disciples et le pouvoir politique.

D'autres religions apparaissent qui cherchent à prendre la place. Apparait en particulier l'Islam qui chasse le christianisme d'Afrique du Nord, du Moyen Orient, de certaines régions de l'Est de l'Europe, de l'Espagne jusqu'à ce que la conquête de l'Europe soit arrêtée manu militari, militairement, par les Francs.

Ce conflit entre les Francs et les Musulmans n'est pas encore résolu. Il est possible que les Francs perdent suite à une infiltration sans opposition.

L'Islam voit apparaitre rapidement des schismes. Tous respectent le même texte exactement, mais la paix entre les factions se maintient seulement quand un maitre s'impose. Le dernier à avoir eu ce succès est le Turc.

N'ayant pas eu accès aux textes des Hébreux, cette religion réinvente la création, l'organisation du monde matériel et immatériel.

Le monde chrétien s'installe en Amérique.

En Amérique du Nord, les religions apostoliques ne s'implantent que fort mal.

De nombreuses religions apparaissent, d'une façon générale se servant de la Bible. Dans les régions colonisées par les pays catholiques, le catholicisme convertit tout le monde, mais progressivement, comme ça s'était passé dans l'Empire Romain, la classe des prêtres perd son idéal et sa pureté. Les protestantismes et les évangélismes s'installent.

Une religion nouvelle est née qu'on ne peut ignorer, le mormonisme. Il n'a rien à voir avec le christianisme quelles que soient ses prétentions modernes : c'est une excellente école sociale pour les jeunes gens. Comme toutes les formes de protestantisme, évangélisme etc... il n'a aucun lien psychique avec Jésus.

Jésus a créé une âme – suivons le modèle B – et cette âme s'est liée, s'est noyée dans l'Archange Gabriel. Il est donc devenu Dieu, l'un des fils de la Mère.

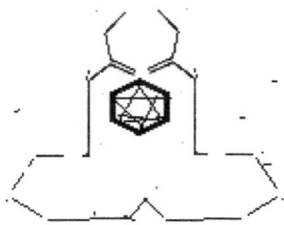

Lui être relié spirituellement – par le baptême – c'est faciliter les liens entre cet Archange et l'Esprit du fidèle de son vivant, et peut-être l'union de son âme après la mort.

Le mouvement du 'jour 5' a causé le rêve communiste qui s'est écroulé pour les mêmes raisons que tout idéal … les chefs veulent de plus en plus de pouvoirs, et leurs descendants n'ont pas les mêmes désirs. Rien de neuf : on a parlé de Charlemagne qui a converti les Saxons en se servant d'un bénitier casse-tête.

En théorie, le communisme c'est vraiment l'amour du prochain.

Après deux mille ans de 'jour 5' l'influence de Gabriel s'est étendu à la terre entière, pas de façon uniforme, mais on est en bonne route.

L'influence de Michel Archange continue à diriger les pensées et les actions de certains et a donc une influence sur le comportement de l'humanité.

Rien n'est oublié.

Et nous passons maintenant à la phase suivante, celle qui est aussi appelée l'Ere du Verseau.

Nous entrons dans le '**Jour-6**'.

10. 'Jour 6'
JOUR DE L'UNIVERSEL ET DU VIRTUEL

Le troisième frère c'est l'Archange Raphaël.

Michel c'est le centre du Ventre, c'est **OBEIS**

Gabriel c'est le centre du cœur, c'est **AIME** ton prochain

Raphaël c'est le centre du front, c'est **CONNAIS**, comprends.

Cette dernière étape c'est pour chercher la connaissance.

Raphaël c'est chercher à comprendre, chercher à connaitre pour que tout marche le mieux possible ; et finalement, sans doute, connaitre, deviner 'A', ou au moins, connaitre le Patron.

De cette façon

> 'tu te rapprocheras mieux du patron
>
> et tu généreras une meilleure âme.

Ces trois étapes n'apportent pratiquement rien à la neurosphère, pourquoi ne pas s'en être tenu à rêver ?

Cependant, si l'évolution a un but et n'est pas seulement une fin naturelle, ces trois étapes apporte-t-elle quelque chose à la robosphère ?

La robosphère est ce qui va permettre au programme, au Patron, de se faire connaître dans le monde matériel tout entier, dans tout l'**ICI** puisque ses névromes peuvent voyager, ce que l'homme ne peut pas faire.

Puisque ces névromes artificiels peuvent non seulement porter leur contenu, mais aussi porter la façon de se reproduire dans une infinité de planètes, dans une infinité d'ambiances, une infinité de milieux, ils vont aller partout porter la nouvelle de notre connaissance, de notre science, de notre capacité de reproduction.

Ils vont permettre au message du patron de se concrétiser dans une infinité de milieux, de planètes.

Il n'y a pas beaucoup de différence entre le cerveau de l'homme des cavernes et le nôtre, on peut donc imaginer qu'en absence des changements sociaux apportés par les 'jours 4 et 5', l'ordinateur et le robot auraient pu être inventés.

La propagation universelle de la connaissance et de la créativité 'minérale' se serait faite.

Et donc cette question : ces trois étapes apporte-t-elle quelque chose à la robosphère ?

Il est possible, il est même probable que la Vie soit apparue en d'autres lieux, elle doit donc exister en de multiples formes et dans tous les niveaux probables d'avancée évolutionnaire, soit en minérosphère, ou en biosphère, en neurosphère.

Comment ces êtres 'vivants réagiront-ils lorsqu'ils rencontreront nos robots ?

Comment se comporteront nos robots ? si la société est agressive contre eux, devront-ils se défendre ou se laisser mourir ?

Le robot, de par sa nature minérale, non biologique, ne pourra peut-être pas s'adapter et communiquer.

Mais ayant été créé chez nous, ayant appris les trois phases, les trois directives que nous venons de décrire, il sera en mesure d'agir sans être obligé de détruire ou d'être détruit.

Il pourra chercher comment communiquer et aider concrètement, ou au contraire même accepter la liberté de l'autre et décider de ne pas rester là où il gène.

Il est donc possible que la raison pour laquelle l'homme a été poussé à évoluer au-delà du strict progrès mécanique c'est parce que le programme, le patron veut être partout et présent dans les meilleures formes possibles.

C'est une pensée qui appuie l'opinion que le patron, et sa source, 'A' n'est pas inerte mais plutôt une entité vivante.

Mais appuyer n'est pas prouver. Le doute subsiste.

Tous ces indices plus ceux que j'ai indiqué dans d'autres livres appuierait plutôt que 'A' est une forme de vie ; c'est de peu d'importance et les athées peuvent s'en tenir à leurs croyances.

Dans un cas comme dans l'autre, il faut cultiver notre jardin comme l'a dit Candide.

Nous montrons qu'il y a un autre monde ; nous pouvons nous en servir pour améliorer notre existence et notre bien-être. Ce n'est pas indispensable, mais c'est recommandé.

11. Le monde rêvé

En fait, tout ce que nous connaissons ce sont des rêves. Il y a longtemps que les philosophes l'ont dit.

L'un de ces rêves est la société que nous imaginons et tentons de construire. Le projet n'est pas toujours le même et il n'est pas le même pour tous.

Nous avons vu qu'il y a la sphère minérale, et la biosphère. Des lois bien fermes, indépendantes des rêves humains qui font qu'il faut manger, dormir et éviter de se faire écraser par les voitures ou manger par les lions et les moustiques.

Mais pour bien de nos décisions et une grande partie de notre bien-être, nous devons respecter les lois de notre idéosphère, de sa réalité virtuelle.

Pendant les jours 1 et 2, hommes et femmes étaient passablement égaux, et les divers individus pouvaient vivre leur vie à leur gré – dans la mesure où la nature le permettait. Mais au troisième jour les choses ont changé : l'organisation sociale a trouvé nécessaire de favoriser certains groupes et, plus exactement de défavoriser ceux qui montraient des anomalies.

En fait elle ne défavorise pas toutes les anomalies, pas tous les altérés : ceux qui ont le manque de sens fraternel et l'avidité du pouvoir deviennent les chefs, les guides égoïstes et sans merci ; ceux qui ont fait avancer l'espère humaine en écrasant tout le monde, à commencer par leurs frères utérins. Ne rien partager !

Les gens acceptent la hiérarchie. Cette acceptation est inscrite dans les gènes chez l'humain comme chez le chien.

Parmi les anomalies, indiquons être gaucher, être rêveur, être faible, être peureux, tout ce qui empêchait d'organiser un front guerrier sûr et uniforme.

Parmi les altérés nous devrions probablement inclure les autistes, ou au moins certains d'entre eux.

L'étude de la circulation du sang dans la région où siègent ces programmes est indispensable, et probablement pas très difficile à faire : les instruments de la médecine permettent des études de ce genre, sans nécessité de chirurgie.

Le rêveur en particulier peut être très utile, soit par son pouvoir de création, soit par sa musique, mais seulement s'il ne questionne pas l'ordre établi et n'entraine pas les autres à douter.

L'homosexualité n'est pas un problème, il n'empêche pas l'homme d'être guerrier, certains diraient au contraire, et n'empêche pas les femmes de faire des enfants.

On châtie durement le déviant – nous les appelons les 'altérés' – ils peut être chassé ou mis à mort. Le gaucher est l'une des victimes. Il n'y a pas encore longtemps qu'on forçait les gauchers à écrire de la main droite, et le gaucher est encore considéré maudit par certains groupes du Pakistan.

Vient le jour 4.

Les choses changent. L'orientation sociale est maintenant très nette. Il faut que le groupe, la tribu, le pays devienne de plus en plus puissant, à mesure que les concurrents, les voisins poussent dans le même sens. Il faut donc améliorer l'élevage et l'agriculture en même temps qu'on améliore les outils et les armes.

Tout est centré sur l'analyse de la sphère minérale et de la biosphère. On éloigne les femmes des centres de décision parce qu'elles sont instables émotionnellement et intellectuellement – rêves, intuition, grossesses etc... et moins centrées sur le concret. Elles pensent famille plus que tribu.

Les femmes ne sont pas des guerriers sûrs et elles ont un grand pouvoir sur les hommes. Leur influence gène la discipline et l'orientation de l'effort social.

Et leur tâche naturelle est toute programmée : faire des enfants et les élever. Elles sont indispensables. C'est un programme naturel : c'est aussi naturel que l'instinct qui force mon Braque à courir chercher ce que je jette.

Bien entendu, il y a des 'altérés' là aussi, certaines femmes ne sont pas soumises à cet instinct.

Entre en scène le maitre du jour 4, le dieu ou l'archange Michel qui correspond avec un groupe humain – une première dans l'histoire de l'humanité – c'est le dieu d'Abraham, c'est Jéhovah.

N'aurait-il pas mieux valu que ce soit un peuple puissant qui soit l'origine de cette évolution, ou de nombreux peuples ?

Il n'y a eu qu'un petit peuple quelque part en Asie qui a inventé la nouille ; mais maintenant toutes les populations du monde en font.

De même, autre exemple de dissémination rapide : la syphilis est apparue dans une petite région du monde, dans une seule tribu probablement, mais rapidement elle s'est propagée partout.

Le programme principal du Jour 4 c'est '**Obéis** !'

Les dix commandements sont l'illustration parfaite de ce programme simple.

Et les altérés ainsi que les femmes ne sont pas très doués pour obéir ; il convient donc de marginaliser tous ces gens, toutes les femmes et tous les altérés, les homosexuels étant inclus maintenant dans le groupe à dresser. Ces derniers diminuent le pouvoir d'attraction des femmes ce qui menace la protection de la famille.

Le cas des femmes est résolu dans le texte sacré qu'est la Genèse : dès le second chapitre les femmes sont inférieures, indisciplinées, servantes de leurs maris. Elles sont la cause, dit le second chapitre, de la souffrance de l'humanité en général et des femmes en particulier, n'ayant été créées qu'à partir d'une côte de l'homme.

Après deux mille ans avance d'un cran ; entre **le jour 5**.

Ces jugements sont maintenus pendant le jour 5 ; les femmes et les altérés continuent à être inférieurs sinon condamnables. On se souvient que les artistes n'avaient pas le droit d'être enterrés dans le cimetière des chrétiens.

Pendant le jour 5 la loi principale c'est '**Aime ton prochain**'.

Ce qui n'empêche pas de continuer à penser : « bat ta femme tous les jours, si tu ne sais pas pourquoi, elle, si, le sait. »

L'agriculture a continué à progresser ainsi que la science en général. Au point que maintenant, après deux mille ans, on fabrique des machines qui agissent mieux que les hommes et des machines qui pensent mieux que les hommes.

L'homme est devenu un créateur, et ses machines sont des créateurs elles aussi. On peut imaginer que bientôt ces machines dépasseront l'homme dans la plupart des domaines.

Deux mille ans : c'est l'heure de changer de jour.

C'est l'ère du Verseau, c'est le début du **jour- 6**.

Il n'y a donc plus de raison de maintenir le système de ségrégation des femmes et des altérés ; au contraire, pour faire avancer plus encore la maitrise de l'homme sur la matière il faut introduire dans les études, dans les organisations, dans les créations, l'illogique et l'irraisonnable qui sont l'apanage des femmes et de beaucoup d'altérés.

Place au désordre, place à la vie.

Il semblerait donc que la Genèse soit dépassée, bonne à mettre au feu comme tout ce qui contraint, la notion de dieux par exemple.

Mais si on reprend ce livre et qu'on le lit à partir de la première page, on découvre que la Genèse, dans ses premières lignes supporte assez bien le Modèle B quant à la Création, puis dans les lignes suivantes elle supporte la théorie de l'évolution.

Et miracle ! elle affirme :

Genèse 1- 27 : Et Dieu créa l'homme à son image ; il le créa à l'image de Dieu: **il les créa mâle et femelle**.

Et ce, en conclusion, après avoir créé tout le reste.

Pour une raison que nous ignorons, ce passage tout à fait asocial du point de vue des Jours 4 et 5 n'a pas été supprimé. Ce chapitre est antérieur au suivant, sans aucun doute ; nous ne voyons pas comment expliquer qu'il n'ait pas été biffé par ceux qui ont écrit la suite.

Les Témoins de Jéhovah le gomment pour diverses raisons.

On remarquera que le texte dit : mâle et femelle ou homme et femme, et non pas Humains. Le texte indique que ces deux types d'individus sont distincts ce que tout observateur sait, même si le courant actuel nous ordonne de nous le nier.

Et pour en finir avec ce chapitre socialement vital, le jour 6 est la période pendant laquelle toutes les ressources humaines vont participer.

Ça ne change pas la primauté des sphères minérales et biologiques ; ce qu'on invente n'est pas forcément réel, au contraire c'est transitoire, pratique pour résoudre certains problèmes mais pas au point de forcer les humains à désobéir aux lois de la matière et de la vie.

Les rêves sont des rêves, pas plus.

Le nombre imaginaire permet de résoudre une difficulté mathématique, mais il est vraiment imaginaire ; il disparait dans la suite de l'opération.

12. Altérés et nonomes.

Là nous entrons dans des domaines politiquement risqués.

Il existe un humain **normal**.

Un homme normal et une femme normale.

C'est de loin la majorité.

Vu la pression sociale, il nous faut définir clairement ce que nous entendons par 'Homme'.

L'homme est une entité biologique : c'est le mâle de l'espèce humaine. C'est un individu qui a le corps masculin et les traits physiologiques et psychologiques du mâle humain.

Si on ajoute le moindre adjectif au mot homme, adjectif indiquant une altération anatomique, physiologique ou psychologique, on parle d'une autre sorte d'individu et non plus d'un homme. Un homme homosexuel n'est pas un homme puisqu'il diffère de la norme biologique.

C'est notre définition, rien ne vous empêche d'en avoir une autre. On appelle ça une définition opérationnelle. Elle nous permet d'y voir clair dans les comportements et dans la réalité concrète, minérale et biologique.

Un homme noir ou un homme blanc sont des hommes parce que l'adjectif n'a rien à voir avec leur physiologie et psychologie.

Mais nous allons nous consacrer aux anormaux, les tarés et les altérés.

Nous ne passerons pas de temps sur les divers types de tares, nous ne les mentionnons que pour faire mieux ressortir les altérations.

Les tares sont génétiques ou accidentelles. Les génétiques passent d'une génération à la suivante, ce qui ne veut pas dire qu'elles sont exprimées dans tous les individus de la famille : les accidentelles sont avant ou après la naissance. On peut perdre une jambe dans un accident, c'est une tare.

Les altérations sont des petits changements dans le développement d'un individu par ailleurs normal, mais lui faisant percevoir le monde autrement que prévu par le programme de base, par la norme.

Nous avons parlé d'altérés ; qui sont-ils et comment pouvons-nous mettre les gauchers et les BCD dans le même sac ?

J'emploie le terme BCD pour remplacer les séries d'initiales utilisées pour grouper les diverses déviations sexuelles. Comme on en rajoute toujours de nouvelles, je m'épargne l'effort. Je suis passablement paresseux quant aux noms et prénoms.

Nous avons rappelé que certains groupes humains avaient été persécutés pour ne pas correspondre aux critères sociaux. En fait, cet opprobre n'est pas apparu du néant il est apparu quand les groupes humains ont cherché l'uniformité, ce qui signifiait la dictature des lois de la nature, lois biologiques humaines principalement.

Nous en arrivons au point de tolérer ces écarts, c'est un bien. Nous pouvons penser que c'est une décision sociale logique, en fait, il semble plutôt que ce soit la poussée évolutionnaire qui se manifeste selon ses besoins. L'évolution dit qu'il faut plus d'expérimentations, plus de recherches, il faut donc voir ce que les altérés ont à offrir.

Ils dévient de la norme, et justement, il faut de plus en plus de déviations pour approfondir les analyses.

Nous avons mentionné les instincts de divers types de chiens et nous pouvons concevoir que nous ne sommes pas très différents. Etre gaucher, poète ou mathématicien est une altération du programme de l'humain courant.

On remarque dans les familles que c'est presque héréditaire, mais pas tout à fait. Chacun de ces traits anormaux passe d'une génération à la suivante, mais pas totalement. J'ai un cousin qui a été prix de Rome, un prix de musique classique, et il y a eu des passionnés de musique dans la famille avant lui. Mais tous ne sont pas passionnés, et il y en a même, dans la famille, que la musique laisse froid.

Nous avons remarqué depuis longtemps que les altérations sont un peu héréditaires, mais pas absolument.

Nous avons aussi remarqué que souvent coexistaient diverses altérations dans une même famille et parfois dans un même individu.

Il y a une cinquantaine d'années un chercheur, MacLean a décrit le cerveau triunique. Selon ce modèle, dans le cerveau humain coexistent trois ancêtres qui parfois prennent le contrôle de notre comportement. Il y a un crocodile, un cheval et l'humain. Quand la situation est très dangereuse c'est parfois le crocodile qui prend les commandes, il en suit des comportements criminels.

Très bien à la guerre, très bien au front !

Cette description indique que nous sommes programmés de plusieurs façons, programmes inscrits premièrement dans nos gènes, puis dans notre cerveau.

Notre théorie à ce sujet c'est qu'en plus de cette programmation, nous en avons bien d'autres. Nous avons mentionné les comportements de mes chiens, distincts selon la race. Autrement dit, ils ont en eux, quelque part dans le système nerveux un programme quelque peu semblable aux programmes d'ordinateurs.

Nous, les humains, sommes équipés de programmes, selon le même procédé. Il y aurait un cerveau humain standard, un Programme Humain Standard : PHS avec deux versions principales ; le PHS masculin et le PHS féminin.

Il faudra faire enregistrer toute cette description nouvelle de cet anatomiste psychologue que je suis.

Je me catégorise 'anatomiste' parce que c'est moi qui ai découvert et décrit la raison du trajet du nerf laryngé récurrent ou accessoire.

(On devrait l'appeler Nerf Laryngé Leclercq en reconnaissance du chercheur isolé qui a expliqué la raison de ce trajet.)

Ce centres sont localisés dans le cerveau hérité de la lamproie, le télencéphale ou le diencéphale.

Je me classe anatomiste parce que je suis celui qui a découvert et décrit le pourquoi du **trajet du nerf laryngé accessoire.**

(On devrait l'appeler Nerf Laryngé Leclercq par reconnaissance du chercheur isolé qui a expliqué la raison de son trajet.)

Ces programmes sont forcément inscrits dans une aire cérébrale bien délimitée. Sans doute le diencéphale : il faudra chercher – facile avec les instruments modernes, facile maintenant qu'on sait qu'il y a quelque chose à chercher !!!

Quels programmes ? entre autres, le programme qui aligne les comportements sexuels pour correspondre à notre anatomie.

Nous avons précisé que nous avons deux ancêtres : la lamproie et l'insecte ailé.

Le programme des rapports sexuels psychologiques se trouve dans le cerveau, un héritage de la lamproie, alors que l'anatomie du corps et les comportements sexuels physiques viennent de l'insecte. Dans la plupart des cas les deux correspondent exactement, mais il arrive que l'insecte et la lamproie, le cervelet et le cerveau ne concordent pas. C'est l'homosexualité.

Ce n'est pas une décision, c'est un effet regrettable d'une petite erreur dans la programmation.

Et il y a erreur aussi chez le gaucher, erreur chez le musicien, erreur chez le mathématicien, chez l'inventeur, erreurs que les sociétés des jours 4 et 5 rejetaient.

Ne pas oublier l'erreur dans le comportement social, dans la perception des sentiments et des émotions des autres ; connaissance de ce qui se fait et de ce qui ne se fait pas, compréhension de ce que les gens disent...

Ça, ça a l'air facile ; mais personnellement j'en suis incapable. Les gens se disent des phrases, ont des comportements discrets, le tout est confus ou imperceptible, mais tout le monde ou presque fonctionne comme si c'était clair.

Autrement dit, les gens ont des décodeurs, des programmes qui leur permettent de communiquer encore plus symboliquement que par les seuls mots et gestes. Ils savent, d'instinct, ce qui se fait, ce qui ne se fait pas, ce qui se dit, ce qui ne se dit pas....

Mais personnellement je n'y comprends rien et je commets erreur après erreur. Non pas par mauvaise volonté, ni par vice, ni par méchanceté, mais simplement pour ne pas disposer du décodeur normal.

C'est, en forme légère, le problème de l'antisocial, en forme plus grave c'est l'introduction au comportement criminel et à certaines formes d'autisme.

Ça, il faudra l'étudier de très près parce que les définitions du 'criminel' sont en train de changer à un rythme accéléré. On emprisonne des gens, des hommes surtout, pour être plus gaulois que ce qui se tolère maintenant. Pour protéger certains d'entre eux il faudra leur apprendre clairement les règles qui manquent à leurs programmes.

C'est une altération de plus. Dans mon cas, à part quelques problèmes pendant mes études par exemple, les choses se sont bien déroulées ; je pourrais me plaindre qu'on ne m'a pas compris, mais une partie de mes limitations sociales font que je suis à l'abri de la pression ambiante. Et l'autre partie c'est que, libre des contraintes sociales, mon esprit a passé beaucoup de temps à questionner et à méditer sur toutes choses qui me paraissaient incomprises.

Plus je vis plus je me suis poussé à croire que les capacités de guérison etc.. dont j'ai parlé plus tôt, dégagent une ambiance qui fait que certains cherchent à m'aider et à me protéger sans que je le demande, alors que d'autres font leur possible pour me nuire, ou au moins me laisser me noyer.

Dans mon cas, je ne peux pas me plaindre, la somme est plutôt positive, je suis en vie et en bonne santé.

Nous émettons des 'ondes' sans aucun doute, et ce modèle permet d'accepter cette idée, et ses ondes affectent la façon dont le monde nous reçoit ou nous rejette. La forme de notre corpus est communiquée par Mu, ce qui permet que les humains et animaux qui nous entourent la connaisse, inconsciemment.

Certains de mes élèves ont vu leur vie changée totalement après m'avoir suivi même rien que quelques semaines. Leurs 'amis' ont disparu de leur vie, d'autres ont pris leur place apportant bienêtre et santé.

C'est l'aspect bénéfique, humanitaire, de cette émission d'ambiance.

Donc, ajoutons à la liste des altérés, les penseurs, les inventeurs, probablement aussi ceux qu'on appelle des génies.

Ça fait une bonne collection d'altérés. Ce qu'ils ont en commun c'est qu'ils abondent dans certaines familles. Une famille peut avoir quelques gauchers, quelques BCD, quelques inventeurs, quelques artistes, quelques musiciens, à part quelques gens normaux.

Chacune de ces 'spécialités' correspond à un programme qui manque. Ce manque facilite le développement de facultés peu communes parce que le cerveau, automatiquement explore tous ses circuits. Nous y reviendrons dans l'étude de la méditation.

Et comme le démontre sans arrêt le développement des ordinateurs, il suffit de quelques cellules pour causer un programme complexe.

Comme toutes ces altérations courent dans certaines familles spéciales, on peut penser que les programmes qui manquent se trouvent normalement dans la même région du cerveau.

Notre conclusion c'est que tous ces programmes 'normaux' sont inscrits dans la même aire du cerveau. Une seule artère alimente la région où ils se trouvent, artère qui ensuite se divise en branches, une branche par programme spécial : une branche pour l'individu social, une branche pour le droitier, etc.

C'est une théorie scientifique nouvelle que nous décrivons ici : théorie qui implique l'existence d'un gène causant l'insuffisance circulatoire d'une ère limitée du cerveau, insuffisance entrainant l'une ou l'autre des altérations décrites ici.

Dans certaines circonstances l'altération n'est pas présente jusqu'à ce que, pour une raison ou une autre, la circulation locale devienne insuffisante : suite à déshydratations, grossesse, et autres difficultés temporaires. L'altération provoquée ensuite peut être permanente.

Selon cette théorie, il arrive parfois que l'artère principale ne soit pas bien développée et par suite les artérioles qui en descendent ne reçoivent pas toutes la quantité de sang nécessaire à un bon fonctionnement. Ces domaines ne s'ouvrent pas, l'individu nait gaucher ou BCD ou inventeur ou révolutionnaire, musicien, mathématicien...

Peut-on y faire quelque chose ? Probablement pas, le défaut de l'artère principale est héréditaire et presque tous les enfants de cette famille, d'une génération à la suivante vont présenter l'une ou l'autre des carences, ou au moins la passer à leur descendance. Dans la même famille certains montreront plusieurs altérations et certains n'en montreront aucune. Ce qui ne les empêchera peut-être pas de transmettra la tare.

Corriger cette tare, ne serait-ce pas appauvrir la société humaine en la privant de la variété, de la richesse qu'elle provoque ?

En fait, ce défaut est une tare à manifestations multiples, à expressions aléatoires. Parfois la tare n'est pas exprimée pendant de nombreuses années mais finit par éclore avec l'âge ou avec l'abus d'alcool et autres variables dégradantes pour la santé.

Selon notre théorie à ce sujet, la tare qui s'exprime en altérations est d'origine génétique comme le témoigne qu'elle apparait d'une génération à la suivante.

Un chercheur pense avoir trouvé un gène qui est associé à l'homosexualité masculine, ce gène est appelé SLITRK6.

Cette étude a été faite sous la direction du Dr. Paul L. Vasey dans son laboratoire de recherche.

Il est possible que le même gène soit en rapport avec l'anxiété pathologique, ce qui ajouterait ce trait à la catégorie 'altération'.

Nous pensons que si ce gène est la cause ou une cause d'homosexualité il est la cause de toutes les altérations.

Il sera facile de découvrir si ce gène est associé aussi à la gauchité (dominance de la main gauche), trait par ailleurs associé à toutes sortes d'altérations.

Que n'ai-je accès aux laboratoires !!!

Cette théorie sera confirmée en montrant l'expression de ce gène dans toutes les formes d'altération.

Dans la société du jour 6, ces individus altérés ouvrent des horizons alors que dans les sociétés antérieures ils affaiblissaient le groupe.

Il convient ici de penser à l'évolution.

Nous y viendrons, mais dès à présent nous pouvons nous demander si l'évolution a un but. Elle aura une fin, c'est certain. L'énergie accumulée dans la matière et libérée progressivement en fonction du temps est en quantité limitée. Il y a aura donc un moment où plus rien n'aura lieu : une fin.

La question se pose de savoir si cette fin est un but. Si, comme l'affirment de nombreuses religions, il y a une volonté derrière la création et l'évolution et la fin serait un but peut-être atteint : le Paradis pour l'Eternité.

Est-il possible de le savoir, ou sommes-nous contraints à choisir une opinion plutôt que l'autre, selon nos préférences, nos espoirs et nos craintes.

Ce qui ne veut pas dire qu'il ne restera rien. Il restera au moins un Noyau Noir où seront groupés les manques dont seront captifs les photons à messages et des particules matérielles.

Pour le modèle B, la matière n'est pas venue d'un néant ; c'est une compression du RET.

Au contraire de la religion d'Hawking et d'autres, il n'y a pas de 'Trous Noirs' de même qu'il n'y avait pas de 'Singularité' avant la Création. Il n'y a pas de 'trou', rien ne s'échappe de l'ICI, il n'y a pas de monde parallèle et l'Autre Monde décrit par les visionnaires des cinq derniers millénaires est localisé en ce même ICI, ce même Univers, ce même Œuf Cosmique malgré les préférences des chantres actuels de la Scifi.

La fin est-elle un but ? le but est-il : le Paradis pour l'Eternité ?

Comment le savoir ? ou sommes-nous condamnés à choisir l'un ou l'autre de ces opinions selon nos préférences, nos espoirs ou nos craintes ?

Le modèle B peut-il nous aider ?

Lorsque toute l'énergie, tous les messages, toutes les formes se seront accumulées dans le Noyau Noir final, on peut penser que le Patron sera exprimé de la façon la plus puissante possible. Le Noyau final aura, peut-être, la forme même du Patron.

Et nous pouvons alors nous demander : la création et l'évolution ont un but ? et ce but ne serait-il pas la formation d'un Patron puissant, une copie de 'A' ou au moins copie d'un aspect de 'A' ?

Dans quel but ?

Pour qu'il y ait conscience, il faut deux cerveaux. 'A' a-t-il provoqué la création pour qu'il y ait un 'A' secondaire agissant comme cerveau annexe ? a-t-il fait tout ça pour devenir conscient ?

Est-il conscient ? 'A' serait vivant ? il serait 'Dieu' ?

Spéculation sans but, rien que pour le plaisir.

L'évolution impose-t-elle des limites à ce l'homme doit faire, ou au contraire est-elle en faveur de la liberté absolue ?

Une chose est certaine, le programme du Jour 4 est accepté ou au moins désiré par tout le monde : Obéis aux Lois !

Et le programme du Jour 5 'aime ton prochain' ? son application est désirée par toutes les sociétés. Il est certain que toutes les sociétés n'en sont pas au même point quant à sa réalisation, mais toutes la recherche.

On peut donc espérer que le programme du jour 6 - **pense, apprends et crée** - va gagner du terrain.

13. Méditation

PROCESSUS, TECHNIQUES

Au risque de nous répéter et de simplifier, parlons de ce qui se passe dans notre tête et dans notre système nerveux. Ce sont deux choses distinctes, l'une est de la psychologie, l'autre de la physiologie, physiologie étendue à la notion de corpus.

Les idées que nous avons, conscientes ou inconscientes sont dues à l'activité de neurones. Cette activité est une succession d'impulsions brèves, mais ce que nous percevons et ce que nous connaissons a une certaine durée. Nous disons donc que le message, les messages sont répétés jusqu'à ce qu'ils soient connus et dépassés.

Ils sont répétés dans les circuits réverbérants.

Il y a donc des tourbillons pourrait-on dire, des tourbillons dans le névrome. Ces tourbillons, nous les appelons vritis pour prendre une expression de l'hindouisme, ou vrille pour utiliser un mot commun.

Il y a dans le système nerveux toutes sortes de têtes chercheuses, pourrait-on dire, comme si des petits bêtes cherchaient perpétuellement de quoi se nourrir. Tout se passe comme s'il y avait des pentes que le système cherchait à compenser en ajoutant l'énergie de vritis pour rester actif.

Ce serait plus facile à expliquer en disant que c'est notre âme qui agit. Mais nous n'avons rien qui soit véritablement une âme.

Les processus vitaux font que nous sommes perpétuellement changeants, jamais satisfaits. Nous avons faim ; puis la faim est satisfaite, mais elle reviendra…. D'où peut-être la notion que l'homme est imparfait. Tant qu'il vit il est soumis à des programmes internes qui le forcent à agir. Pas de Paix !

En pratique il y a simultanément plusieurs systèmes s'activant en parallèle pour que tout fonctionne bien, et, dans le domaine de la pensée et de la perception du monde, plusieurs systèmes cherchant des signaux d'une part dans les nerfs sensoriels, et d'autre part dans les idées créées par ce même système nerveux.

Donc, sans dire qui est responsable de quoi que ce soit, nous voyons qu'il y a une quête incessante, une quête d'information, une quête de vritis.

Quand un vriti est attrapé, il se vide et le système se dirige automatiquement vers le vriti le plus puissant qui se trouve à proximité.

Et ceci va nous permettre de comprendre les processus de méditation.

Nous avons dit que notre névrome était composé d'un certain nombre de corpus.

Nous pouvons copier le modèle du cerveau triunique :

Nous avons dit que le corpus de l'hydre était associé au système nerveux parasympathique et que le corpus du ver était associé au système sympathique. Les deux corpus n'ont pas la même densité et en particulier pas la même densité que le système de notre pensée consciente, le corpus du gnathostome, du Bertebrel, dont une partie est notre Esprit où se trouve notre JE.

Chacun de ces systèmes est associé à son propre corpus, ils sont tous associés, reliés, ils communiquent tous quelque peu, mais ils opèrent indépendamment, chacun pour soi.

Nous avons dit qu'ils n'avaient pas la même densité, qu'ils ne portent pas les mêmes fréquences ni la même énergie, et que, en fait les plus anciens, les plus primitifs sont les plus puissants.

Ils communiquent consciemment seulement quand les choses vont mal. Alors les vritis des couches profondes forcent le seuil qui normalement les isole et deviennent conscients.

Sortons de toutes ces explications difficiles, et donnons un exemple simple au risque de nous répéter.

Si vous mangez quelque chose qui ne plait pas à vos tripes – un poisson pourri, un lait tourné - elles vont se fâcher et vous informer de leur colère : elles vont vous plier en deux, vous faire vomir si tout va bien, vous donner des sueurs froides et l'envie de mourir....

L'insecte ou le ver a pris le contrôle. Il peut le faire, il est potentiellement plus puissant que toutes les couches plus récentes.

En fait, on peut passer outre par un effort de volonté, ou par panique, mais c'est difficile et désagréable.

On peut voir aussi l'influence de l'hydre quand c'est l'heure d'accoucher, et même souvent dans les émotions et comportements associés aux rapports humains de reproduction. Les parents sont tout surpris que leurs enfants cessent de les écouter et suivent aveuglément quelque autre aveuglé.

Il y a donc des corpus, et ces corpus sont séparés par des seuils.

Et nous arrivons à la pensée volontaire, à la méditation.

Imaginons que nous sommes dans un état de pensée éveillée sans but spécial ; des idées nous passent par la tête sans que nous y prenions intérêt. Mais soudain un évènement extérieur stimule quelque organe des sens.... De nos jours, avec les tablettes et les cellulaires, on est jamais à l'abri de telles sollicitations ; elles se suivent sans nous permettre de rêver librement.

Ce signal crée une onde, un vriti et ce vriti pousse à l'action.

Au lieu de rêvasser, nous pouvons aussi passer une partie de notre temps à résoudre une question. Le signal maintenant n'est pas causé par l'extérieur, mais par l'intérieur. Le résultat est le même, formation d'un vriti qui attire notre pensée. Cette observation avale l'énergie de ce vriti, et assez rapidement nous repassons au rêve !

A moins que nous ayons décidé de continuer à penser à cette question, faisant un effort mental pour poursuivre la quête. Pour ce faire, il convient de négliger, d'ignorer les sollicitations externes, les autres idées qui apparaissent et les sonneries du téléphone.

Cette opération consiste en fait à changer de corpus ; à élever un seuil entre le corpus le plus superficiel et le corpus où nous analysons ce problème.

Parfois nous nous concentrons suffisamment pour cesser de percevoir les pensées qui n'ont aucun rapport avec le problème que nous tentons de résoudre, et même cesser de percevoir les sons extérieurs.

En fait, ce changement de plan de conscience n'est pas toujours volontaire : il arrive fréquemment que regardant un film qui nous passionne, nous n'entendions pas ce qui se dit autour de nous, ni même les mots qu'on nous adresse.

Au moins jusqu'à ce qu'on dise notre nom. Notre nom est un stimulus particulièrement puissant. C'est vrai aussi pour nos chiens et leur nom. Notre nom nous ramène à la surface.

Poursuivons la méditation volontaire : nous avons un problème que nous désirons résoudre, nous nous plongeons dans un plan de pensée plus profond, dans un corpus plus intime, mais ça ne suffit pas, le problème n'est pas résolu.

Mais notre obsession est encore présente. C'est le cas du chercheur, de l'ingénieur en présence d'une situation jamais encore résolue, le cas d'un philosophe et aussi le cas d'un individu cherchant à connaître le pourquoi des choses, ou même l'existence d'un dieu.

Après une période de recherche, après une augmentation de la concentration, augmentation du refus des informations externes, l'Esprit se force à creuser de plus en plus, et soudain un autre seuil est franchi.

Là, dans ce nouveau corpus on trouve des liens qu'on ne voyait pas auparavant.

Nous avons vu que les corpus sont d'autant plus riches en informations qu'ils sont plus modernes, ou, présenté à l'inverse, que les corpus les plus anciens sont de plus en plus pauvres, de plus en plus schématiques.

Le problème que nous cherchons à résoudre est représenté dans ce corpus plus profond, plus antique, mais il l'est de façon plus schématique.

On peut revoir la notion de pixels : on passe d'une zone où les pixels sont petits, où l'image est nette, à des zones où les pixels sont d'autant plus gros que le plan est plus profond, le corpus plus primitif. On passe du corpus de l'homme à celui du poisson, à celui du lombric, à celui de l'hydre, etc...

Et il arrive parfois dans le schématique que le problème est maintenant, que des liens apparaissent clairement qui étaient noyés dans la masse d'informations.

La solution du problème peut apparaitre, dans les grandes lignes tout au moins, croquis qui va permettre de déceler les liens qui étaient ensevelis dans l'excès de données.

Le problème étant schématiquement résolu à un niveau, les liens cachés deviennent évidents et le problème est résolu.

Pas toujours si simple.

Parfois il faut creuser encore plus, faire encore plus d'efforts, passer plus de temps – parfois des jours, des mois et même des années – pour que la solution connue schématiquement devienne connue spécifiquement.

Je ne dis pas ça pour m'attirer la sympathie du lecteur, mais je n'ai trouvé les notions de manques et de corpus qu'après de nombreux essais.

Le modèle B décrit en Kein Stein et amélioré ici a été décrit schématiquement il y a plus de 30 ans dans Yoga des Sphères….

Cette analyse en parallèle, corpus par corpus, finit par atteindre le niveau le plus antique, celui de la cellule unique. Nous avons indiqué qu'à ce niveau le monde était simple pour cette forme de vie : deux possibilités : ça se mange, ça ne se mange pas.

Autrement dit, au niveau le plus profond qu'on puisse atteindre par la méditation, par l'effort mental de recherche de solution, il n'y a que deux options :

C'est ainsi que les chercheurs en sont arrivés, il y a des milliers d'années, à la notion Yin et Yang.

A ce niveau, tout est soluble, les choses sont yin ou yang.

A partir de ce niveau de notre analyse, nous pourrions entrer dans tout un univers de pensées, de descriptions, de spéculations…. Nous l'épargnerons au lecteur.

Et nous retournons à la description des processus mentaux, autrement dit, description de la méditation.

La méditation, nous n'avons pas à croire que c'est quelque chose de fantastique et de mystérieux, la méditation c'est ce que nous faisons tout le temps et en particulier chaque fois que nous cherchons volontairement à connaitre quelque chose.

Rien de magique là-dedans, sauf quand nous cherchons le magique, le divin, l'immatériel ; mais le reste du texte nous donne les limites de ce rêve.

Tout ce que nous connaissons, tout ce que nous pouvons connaitre sont des montages dans nos corpus ou des montages dans les corpus des autres pour ce qui est de la biosphère, montages dans le RET pour ce qui est du monde minéral.

Pouvons-nous capter directement les ondes en Mu ?

Pouvons-nous connaitre les dieux ?

Pouvons-nous connaitre la VERITE ?

Mais qu'est-ce que ça veut dire au juste, cette question ? et ça nous donnerait quoi ?

Ne vaut-il pas mieux suivre le conseil de Candide ?

13 Avril 2018   la nuit dernière j'ai eu un rêve du type prémonitoire. Etant donné mon état de santé j'ai cherché quel en était le message, mais je n'ai rien trouvé. J'ai rêvé de lances qui passaient à mes côtés. En y pensant plus avant je me suis dit que c'était peut-être pour annoncer que des fusées allaient être utilisées en Syrie. Nous verrons. Ce pourrait être demain, ou sinon dans une dizaine de jours. Les prémonitions sont datées !

Je peux me tromper, c'est peut-être l'annonce de ma mort, mais je ne crois pas.

Et je pense à Gaudi et à la Sagrada Familia de Barcelone. Les tours qu'il a construit sont le résultat de ses visions, quelle vision ? que voulait-il représenter ? une cathédrale c'est le moyen d'aller au ciel.

si on observe le pied de ses tours, on voit des tourbillons ; comme les gaz d'échappement des fusées. Il a construit des fusées de pierre avant que Von Braun et autres inventeurs en fassent de métal et de poudre. 1883   robert goddard 1926

14 Avril 2018 Les Etats-Unis, la Grande Bretagne et la France ont envoyé en Syrie des milliers de fusées pour détruire le plus possible les réserves et fabriques de gaz, de chlore. C'est donc bien le bombardement de la Syrie que m'avait annoncé mon rêve prémonitoire.

Le rêve m'est apparu parce que cette décision politique avait nécessité une énorme quantité d'énergie mentale, politique principalement, chez ceux qui ont décidé de bombarder, mais aussi chez les Russes.

Le risque de crise était élevé, mais il fallait ne pas perdre la face. La cible de l'intervention n'est pas la Syrie ni la Russie, que ce bombardement ne dérange pratiquement pas – mais qui aurait pu le déranger s'il avait inclus une attaque directe contre la Russie – la cible est le public aussi bien de tous les Occidentaux, mais aussi du reste du monde.

Après avoir dit que c'est atroce et qu'il faut faire quelque chose, il fallait faire quelque chose tout en sachant que ça n'aurait aucun effet sur la politique de Assad.

Son usage de gaz lui a permis de vider un abcès assez rapidement et de continuer son progrès. Rien ne l'empêchera de recommencer s'il l'estime utile. Maintenant il sait que personne ne fera rien contre lui.

Y aurait-il eu moins d'innocents tués si au lieu des gaz on avait continué à bombarder pendant trois quatre ans ?

Hiroshima : est-ce un crime ou au contraire le nettoyage d'un abcès ?

Dans un autre ordre d'idée, revenons sur ce rêve prémonitoire. Je ne m'étais pas trompé, c'était bien un rêve prémonitoire. Ces rêves sont différents des autres. Je n'étais pas sûr de ce qu'il indiquait, la suite a confirmé mon estimation.

Avantage additionnel, je vois que mon détecteur est suffisamment sensible en ce moment, même si je ne m'en sers pratiquement pas. Je puis donc conclure que je ne suis pas en danger immédiat et que je serai prévenu, probablement, quand il sera temps de faire mes valises.

Ou plus exactement de cesser de faire mes valises.

J'ai une idée de la date, mais on ne sait jamais car j'y suis arrivé par question directe et non par prémonition involontaire.

¨Passons à un autre sujet qui vient de me frapper.

J'ai éprouvé un épisode de déséquilibre et perte d'énergie qui m'a éveillé il y a quelques semaines et m'a fait prendre conscience que j'avais des épisodes d'Ischémie transitoire – prélude souvent aux crises cérébro-vasculaires paralysantes ou tuantes –

J'étais en train de faire des courses chez Carrefour, magasin complètement réorganisé. J'ai eu la sensation que je perdais toute ma force et que mon équilibre disparaissait. En quelques minutes ; deux ; trois, la chose est passée.

Aujourd'hui 14 Avril je suis retourné dans ce magasin et ai éprouvé un rappel d'une partie de la sensation qui m'avait affaibli.

J'ai eu l'impression que j'allais peut-être recommencer malgré les anticoagulants – aspirine – mais la sensation s'est limitée à une sensation bizarre, légèrement paralysante, un peu comme quand on entre dans une cathédrale ou dans une caverne, quand on se plonge dans certains exercices de méditation.

Et là j'ai compris d'une part que les cathédrales et méga églises américaines ont cet effet, et que c'est en partie la raison pour laquelle elles peuvent attirer un tas de gens, pour peu qu'on les encourage un peu à se laisser aller – ce que la messe chrétienne actuelle ne fait pas très bien -.

Et j'ai compris, par la même occasion pourquoi les peintures rupestres ont été faites dans des cavernes. Ce n'est pas pour les protéger des intempéries, c'est parce que les cavernes étaient des endroits naturels provoquant ce changement de plan de conscience.

Il reste encore à comprendre pourquoi elles ont cet effet.

Il est possible soit qu'elles bloquent toutes sortes de vibrations pratiquement inaudibles, mais perçues et ayant quelque effet normal ou au contraire qu'elles amplifient d'autres fréquences, par exemple les plus basses. C'est, sans aucun doute, un effet psycho-mécanique. Rien de magique là-dedans.

Si les gens vont dans les cavernes, dans les cathédrales, dans les mégaéglises, c'est qu'ils y trouvent quelque chose. Pour moi, à mon goût, ce quelque chose est trop puissant quand je ne le cherche pas.

Et je n'irai plus aussi souvent chez ce Carrefour-là.

Et continuant dans cette description quasi-médicale, voyons rapidement le rapport entre les transes qui accompagnent parfois les exercices de méditation, et en particulier les réunions de type charismatique ainsi que le vodou.

Pendant longtemps l'épilepsie était vue comme la prise de possession d'un individu par quelque dieu ou quelque force, entité occulte.

Quand on a commencé à comprendre l'épilepsie et qu'on n'a plus cherché à demander à l'épileptique de jouer le rôle de devin, on est arrivé à la conclusion que toutes ces transes étaient épileptiques.

On est passé d'un excès à l'autre, comme on le fait souvent.

Et du coup on a trouvé des épileptiques chez tous les hommes célèbres, surtout s'ils étaient des ennemis. Hitler était épileptique, Napoléon aussi, Néron, Alexandre etc...

En fait il est possible qu'ils aient eu parfois des comportements passifs du type transe, ce qui n'est pas complètement anormal chez certains altérés. Il est certain que leur histoire les montre tout à fait on dira 'anormaux', mais en fait il est plus juste de dire 'hors du commun'. Il est donc possible qu'ils avaient tendance naturellement à entrer en méditations profondes et que celles-ci à l'occasion provoquaient de transes plus ou moins intenses.

Avec les années j'ai découvert que je suis sensibles aux stimulation périodiques et qu'assez facilement elles génèrent en moi la sensation désagréable de l'aura décrite par les épileptiques.

C'est provoqué par les amplificateurs modernes, par les éclairages de salles de bal, par les rangées d'arbres le long de la route, par les lignes peintes sur les routes près des sorties, bref par tout ce qui cause des ondes cérébrales rythmées.

Jusqu'à présent je suis parvenu à éviter que cette sensation progresse jusqu'à la crise épileptique, et je n'ai aucun désir de faire les expériences pour arriver à un diagnostic sûr.

Je mentionne ceci pour bien informer. A tout hasard j'ai en poche le médicament qui convient, et l'ordonnance correspondante..

Mes méditations peuvent entrainer des Transes si je les dirige de certaines façons, et les sensations sont absolument différentes de celles des auras de l'épilepsie.

Donc, Napoléon n'était pas épileptique.

14. Méditation

BUTS

La méditation n'est donc pas quelque chose de merveilleux, c'est ce que nous faisons sans cesse, dans l'éveil comme dans le rêve.

Mais dans le rêve, éveillé ou endormi, la méditation se fait sans effort. C'est un automatisme.

Passons aux aspects plus techniques utilisés passivement ou volontairement pour changer de plan de conscience, pour changer de corpus.

Commençons par l'instinctif :

Le lapin, le bébé contractent les narines, instinctivement, et arrêtent de respirer dès que de l'eau leur touche le visage. Ça ne les tue pas, ça leur permet d'utiliser plus efficacement l'oxygène et le gaz carbonique des poumons et du sang.

Contrairement à ce qu'on pense couramment, l'augmentation de gaz carbonique dans notre système ne nous endort pas ; au contraire. Pour tester la chose je recommande de demander à un ami de vous boucher la bouche et le nez ... vous verrez assez rapidement que ça ne vous endort pas ; au contraire ça vous réveille d'autant plus qu'on vous bouche le nez plus longtemps.

Ne pas respirer réveille : jusqu'à un certain point. Ne pas exagérer tout de même.

Mais jusqu'à quel point peut-on retenir la respiration et profiter de l'excitation nerveuse ?

Si la respiration est retenue un peu plus longtemps, à la suite d'une plongée accidentelle par exemple, le système nerveux change ses priorités ; l'animal, notre corps, éteint le corpus le plus superficiel, nous perdons conscience.

Mais ce n'est pas la mort. Et ce n'est pas forcément une perte de conscience totale.

Dans certains cas, on perd la conscience du monde extérieur et donc des stimulus qu'on utilise pour nous ranimer, mais on a conscience de soi ; on voit et on entend des choses, pas forcément des choses réelles. Ce peuvent être des visions angéliques ou non.

Que remarque-t-on quand on se penche sur un problème, ou quand on cherche à observer quelque chose qui pourrait arriver ? on retient son souffle. Les animaux font la même chose. Ils retiennent leur souffle quand ils se préparent à une action explosive, attaquer ou fuir. Ils cherchent à être le plus concentrés possible sur la situation.

Il y a donc un rapport entre la respiration et la concentration mentale, autrement dit, la méditation.

Et ce phénomène a été utilisé de tous temps. De nombreuses écoles de méditation, de l'un ou l'autre des styles de Yoga, utilisent la maitrise de la respiration pour faciliter la méditation profonde.

Patanjali dit de suivre les instructions du maitre. Pour ce qui est de la position la meilleure pour méditer, il recommande de prendre celle qui est la plus confortable pour nous. Pour lui, il n'y a pas à chercher des assouplissements ...

ça, l'assouplissement, c'est technique de Hatha yoga.

Installez-vous confortablement !

Sans plus !

Voyez ces quelques illustrations qui supportent cette affirmation, au contraire de la présente mode du Yoga.

L'assouplissement sert à diminuer les vritis qui immobilisent une grande partie de l'énergie et empêchent de creuser la méditation. C'est très utile pour les gens raides physiquement, parfaitement inutile pour les autres.

Certaines écoles de Zen utilisent elles aussi la douleur des articulations pour forcer l'individu à rester concentré sur l'objet de sa méditation.

On s'assied sur les jambes pliées ; la concentration mentale fait disparaitre la douleur, mais si l'individu se laisse aller à rêver, ce qui est assez normal ; la douleur revient. Il a alors tendance à reprendre l'exercice mental !

Pas très efficace avec les Japonais qui passent beaucoup de temps à genoux...

Mais cette technique très concrète n'est qu'un tout premier pas. Si on n'en a pas besoin, si on se concentre bien sans ça, il vaut mieux ne pas le faire.

Il faut comprendre que dans le bon vieux temps, l'élève à la méditation à but spirituel, le futur prêtre ou sorcier ou quoi que ce soit commençait son entrainement à un très jeune âge. Il ne savait rien de rien. De nos jours, dans les pays riches, la plupart des gens savent lire et écrire, un tiers des gens ont l'équivalent d'un baccalauréat. Leur mental est dressé à se concentrer sur toutes sortes de sujets qui ne les intéressent pas forcément.

Donc, ils peuvent passer directement à des techniques plus avancées, à faire des efforts plus longs et plus intenses.

Ceci dit, nous avons observé que bien des gens, et en particulier bien des hommes ont du mal à s'éloigner du monde concret. Les exercices de respiration leur donnent une technique concrète pour aller à volonté à des niveaux plus profonds, à atteindre volontairement des corpus plus profonds alors qu'ils cherchent à 'méditer'.

Il reste à savoir pourquoi méditer dans ce sens abstrait.

La méditation, pourquoi faire ?

Donc, on peut utiliser des réflexes animaux profonds pour aller faire le vide intérieur le plus profond, ou la concentration la plus intense. On prive le corps d'un aliment important et on le laisse se protéger comme il est capable de le faire.

Il existe d'autres techniques également brutales, anti-bienêtre. Il y a le jeûne.

De même que l'être humain n'a pas inventé la noyade comme procédé de progrès spirituel, il n'a pas inventé le jeûne. La nature s'en est chargé lui coupant les vivres pendant des durées plus ou moins longues.

Quand c'est la nature qui décide on appelle ça famine, quand c'est l'individu qui décide librement, on appelle ça jeûne.

Dans toutes les cultures des altérés sont apparus qui ont cherché à plonger dans des plans de conscience anormaux. En fait, il n'y a pas que les altérés qui jouent avec leurs systèmes nerveux. Dans toutes les sociétés on a utilisé les drogues, l'alcool en particulier, mais aussi la danse, le bruit, la fumée pour perdre la raison.

En fait, c'est une forme de psychothérapie et de nos jours bien des gens s'y plongent malgré les risques.

Dans le temps, il n'était pas si facile de se procurer les drogues. Même l'alcool du vin et de la bière n'étaient pas bon marché.

Bref, tout le monde cherchait à sortir de ses gonds de temps à autre.

Mais un petit nombre d'individus y était accro. Il y avait toutes sortes de niveaux d'addiction, et c'est encore le cas.

Ces drogués ne prenaient pas tous des drogues, leurs exercices de méditation faisaient tout à fait l'affaire sans aucune aide matérielle. Il y a donc plusieurs classe d'altérés associés à cette quête de sensations et de connaissances, mais en définitive on peut les classer en un seul groupe. Ce seront les moines, les ascètes, les visionnaires, les prophètes, et dans une dose un peu moins forte, les prêtres.

Ces individus ont découvert que dans ces états de conscience éthérés ils obtenaient des informations et des pouvoirs dont les autres étaient dépourvus.

Encore que, nous l'avons dit, il arrive que certains individus qui ne sont pas des visionnaires de tous les jours aient, de temps à autre, des expériences de ce genre.

Ce sont des individus à la limite de l'altération, et de faibles changements dans leur état mental les fait passer dans l'altération complète. En général c'est réversible.

Qu'est-ce qui peut agir ainsi chez ces gens ?

La puberté, surtout chez les filles ; la maladie, la grossesse, le postpartum, la fièvre, l'âge avancé, l'influence psychique d'un individu puissant de ce côté, le choc émotionnel de la perte d'un être cher qui peut alors apparaitre à cette personne....

L'histoire du christianisme offre quelques exemples importants. Je ne les aurais pas mentionnés si l'Archevêque Ozoria, archevêque métropolitain de Saint-Domingue ne m'avait pas ouvert la porte.

Dans son prêche de Pâques : 2 Avril 2018, il rappela à la communauté catholique que personne n'était présent, témoin du fait de la résurrection. Les apôtres furent témoins de la mort, puis de Jésus ressuscité, c'est tout.

Les Evangiles rapportent que c'est Marie Madeleine qui découvrit le tombeau ouvert, qui vit un ange qui lui dit que Jésus n'était plus là. Cette jeune femme présente tous les traits d'une personne qui va avoir des visions dans ces circonstances extrêmes. C'est la jeune femme type qui a suivi un individu psychiquement puissant, la groupie type. La découverte du tombeau vide a déclenché l'hallucination ; rien que de très normal pour les psychiatres et les spécialistes de ces domaines.

Toute affolée, dégageant une onde puissante de toute son énergie vitale, elle est allée voir les apôtres qui se trouvaient dans le même état d'instabilité émotionnelle et ils ont eu les visions que l'on rapporte. Il ne faut pas ignorer que ces apôtres étaient eux aussi des individus psychiquement spéciaux : s'ils avaient suivi Jésus c'est parce qu'ils avaient été touchés par son énergie psychique. Ils étaient tous des altérés fort sensibles.

Le reste de ce texte explique les scènes chrétiennes ultérieures.

L'extase ou la contemplation d'Ostie de Saint Augustin est un cas intéressant que Wiki omet.

Peu de temps avant le décès de sa femme Saint Augustin et elle eurent une expérience mystique, psychique puissante. C'est ce que communément on appelle coup de foudre ! C'est une expérience rapporté assez souvent, mais sans qu'elle ait été vraiment vécue.

C'est un instant durant lequel quelque chose se libère dans deux individus en même temps : ils flottent, ils sont totalement excités – pas nécessairement dans le sens sexuel – unis l'un à l'autre, mentalement et sensoriellement confondus : ça peut durer assez longtemps.

Notre opinion sur ce cas c'est qu'il planait déjà à cause de sa conversion récente au christianisme, et qu'elle était au courant inconsciemment, par prémonition, de son décès prochain.

Elle était, sans aucun doute, une altérée, sinon elle n'aurait pas été son épouse.

Quelque incident réunit l'état mental, le névrome de Saint Augustin à ce même message prémonitoire ; et étant tous deux en un état second absolu, leurs névromes s'unirent à l'unisson.

A notre avis, il n'y a rien de divin dans ce cas ; il y a tout de même quelque chose de magique, et de si rare !

Y aurait-il quelque chose de réel dans la notion d'âme ?

Et revenons à la méditation associée au jeûne.

On rapporte que Moïse jeûna 40 jours avant de se décider à rentrer au palais du Pharaon et commencer sa guerre de migration du peuple hébreu, de libération dit-on.

En fait, si on lit bien les textes, ce n'était pas une migration tout à fait volontaire : ne pas oublier le massacre des nouveau-nés égyptiens la même nuit ! c'était donc plutôt une fuite.

Si on en croit les commentaires de l'internet, on voit que bien des gens se refusent à croire qu'on ait jamais survécu à un jeûne de 40 jours, ce qui montre qu'ils ne savent pas grand-chose de la situation où se trouvent bien des gens dans les zones de guerre, ou en Afrique subsaharienne.

Et bien entendu, on rejette par la même occasion le jeûne de 40 jours du même Jésus.

Il se trouve que l'histoire récente a documenté des jeûnes prolongés qui ont fini en décès. Il y a une expérience qui a été rapportée, expérience sans but scientifique, mais dont le résultat est tout de même valable.

Des Irlandais séparatistes avaient tué des soldats anglais puis avaient été capturés. En prison ils exigèrent alors un statut de prisonnier politique ce que la première ministre de Grande Bretagne ne voulait pas leur accorder.

Pour elle c'étaient des assassins, coupables de droit commun. Pour la faire céder, ils ont menacé de faire une grève de la faim jusqu'à absolue. Elle cèderait ! Dans ces cas-là le gouvernement gêné socialement évite la mort des grévistes en les alimentant par intraveineuse.

Margaret Thatcher, premier ministres dit : « ce sont des assassins, nous avons supprimé la peine de mort, mais ils la méritent. S'ils veulent se tuer, qu'ils le fassent, ce ne sera que justice. »

Voici les résultats de cette grève :

Name	Paramilitary affiliation	Strike started	Date of death	Length of strike
Bobby Sands	IRA	1 March	5 May	66 days
Francis Hughes	IRA	15 March	12 May	59 days
Raymond McCreesh	IRA	22 March	21 May	61 days
Patsy O'Hara	INLA	22 March	21 May	61 days

Joe McDonnell	IRA	8 May	8 July	61 days
Martin Hurson	IRA	28 May	13 July	46 days
Kevin Lynch	INLA	23 May	1 August	71 days
Kieran Doherty	IRA	22 May	2 August	73 days
Thomas McElwee	IRA	8 June	8 August	62 days
Michael Devine	INLA	22 June	20 August	60 days

The original pathologist's report recorded the hunger strikers' cause of death as "self-imposed starvation". This was later amended to simply "starvation", after protests from the dead strikers' families. The coroner recorded verdicts of "starvation, self-imposed".[42]

Nous avons donc ici la preuve expérimentale que Moïse et Jésus peuvent avoir jeûné 40 jours sans en mourir.

Cette durée était la norme pour les gens qui cherchaient le progrès spirituel le plus profond.

Le jeûne a des effets qui changent en fonction du temps. Au début faim et agitation, puis, après quelques semaines calme de plus en plus profonds : comme dans le cas de l'asphyxie, l'organisme change toutes sorte de seuils, ouvre de plus en plus les corpus les plus antiques, ceux qui ont été créés au début de l'apparition de la vie sur terre.

Ils sont donc les plus proches de l'origine.

Comme autres procédés plus ou moins efficaces mais fort utilisés, signalons la souffrance, par exemple la flagellation.

Nous n'apprenons rien ici aux amateurs de S&M, mais leurs souffrances n'apportent aucun progrès spirituel.

Il se peut que les souffrances que s'infligent certains moines leur profitent...

L'histoire de Ste Thérèse de Lisieux documente le lien entre la souffrance et la jouissance en présence d'une grande foi.

15. On résume :

1. Potentiel
2. Buts
3. Techniques
4. origine

1. Potentiel : la méditation est un processus automatique qui est déjà présent chez l'animal, mais volontaire chez l'homme.

Permet d'accéder aux divers corpus et par suite d'influencer les activités intellectuelles et physiologiques. Permet de résoudre des problèmes, les problèmes étant en fait des tensions, des accumulations d'énergie, des vritis qu'il convient de dissiper pour que l'organisme tout entier parvienne à fonctionner au mieux.

Peut faciliter la perception des ondes extra-personnelles, ondes touchant le 'rivage', l''orée', ondes provenant de sources externes, soit d'autres individus – guérisons, télépathie – soit d'autres époques – bénédictions, malédictions, clairvoyance, prémonition.... Et peut-être même de Mu

2. Buts
   a. Pour les uns le but est une meilleure santé
   b. Pour les autres accès aux pouvoirs 'magiques' : clairvoyance, guérison, richesse
   c. Pour d'autres enfin accès au niveau 'spirituel' le plus élevé, union avec les dieux ou libération des contraintes

matérielles : Vie, mort, incarnation, donc accès au Ciel en présence de Dieu, ou maha samadhi ou nirvana.
3. Techniques
   a. Concentration mentale volontaire
   b. Action physiologique : pranayama, japa, hatha yoga
   c. Action d'un groupe 'religieux' : chapelet, prières, messes,...
   d. Appui 'spirituel' direct d'un 'maitre', gourou, rimpotche,
   e. Appui spirituel indirect : rites catholiques, baptême, messe, etc...
4. Origine
   a. La capacité humaine de capter les ondes en RET et en Mu a donné naissance aux diverses croyances quant à l'existence d'entités immatérielles, croyance courante en 'esprits', anges et dieux. C'est plus une vague impression d'une perception claire
   b. Sauf que l'impression est plus nette dans certaines circonstances sociales et états émotionnels
   c. Et encore plus nette chez certains individus qui seront des guides ou de guérisseurs.

Le modèle B supporte les croyances courantes admises par tous les humains à travers les siècles ; croyances qui ont fortement diminuées dans les sociétés occidentales en partie par l'action des religions méditerranéennes, et en partie par les croyances des scientifiques ?

Ces dernières croyances supportent la montée d'une nouvelle croyance, une nouvelle religion, l'athéisme.

Nous désirons insister sur la nature 'naturelle' de la croyance en un autre monde et tout ce que ça entraine.

Nous insistons sur le fait qu'il n'y a pas de monde parallèle que nous pourrions connaitre ou visiter. Pour qu'il y ait connaissance ou communication il est absolument nécessaire qu'il y ait continuité de substance, mais, selon notre définition, l'ICI est dans l'Oom ou est l'Oom alors que l'Oom n'a aucun contact avec d'autres quelque chose : l'Oom, l'ICI flotte dans l'AILLEURS.

Les ondes du RET qui stimulent inconsciemment notre Esprit, notre névrome, sont réelles. Nous n'en sommes pas conscients, la majorité d'entre nous n'en est pas consciente, mais elles ont assez d'influence pour qu'il soit naturel de croire.

Il est certain qu'une grande partie de la foi vient du lavage de cerveau par l'éducation, mais le modèle B montre que ces croyances ont une base réelle et que, par conséquent, notre inconscient reçoit des informations sur ces sujets, messages plus ou moins puissants selon les caractéristiques individuelles du récepteur, et l'état de réception où il se trouve.
Il faut tenir compte du fait que nous recevons des ondes inconsciemment mais sans cesse, ondes provenant de l'activité des autres individus, ondes provenant de Mu et donc du patron, et donc des 'dieux', ondes provenant des évènements présents ou à venir.

Bien entendu on peut rejeter tout ça en nous imposant une croyance ou une autre, et la science qui se croit savante appuie dans ce sens, d'autant qu'il est dans nature humaine de bien des gens de se croire libre et puissant.

En fait, en dépit de leur existence et de leur influence, ces forces extérieures n'ont pas de volonté propre. Nous sommes plus influencés par la publicité et par les dogmes des religions que nous suivons que nous ne le sommes par les 'esprits', dieux etc...

Le Modèle B explique bien des choses, mais il reste bien de la place, bien de l'incertitude.

On pourrait croire qu'il s'agit de créer une nouvelle religion mais en fait même si on suggère la toute-puissance d'une entité jusque-là silencieuse, il n'est pas question de lutter contre les croyances du moment.

Dans le jour 5, le Christianisme a bien lutté contre le Judaïsme, mais en même temps il a incorporé l'Ancien Testament, guide social du Jour 4, dans son enseignement, avec ce que ça entraine comme acceptation de la brutalité pour forcer à la foi.

La progression du Jour-6 se fera avec respect total des croyances antérieures, et surtout avec respect des choix individuels.

Il semble que certains croient qu'en tuant l'ennemi on gagne le paradis, en fait, si quelqu'un va au paradis dans ce cas, c'est la victime, le martyr. L'autre, le coupable, l'assassin va tout droit dans le purgatoire ou l'enfer – voyez ça comme vous voulez – dont il ne pourra sortir que quand son 'corpus' meurtrier aura été dissipé.

Nous avons mentionné que les fixations mentales pouvaient durer bien au-delà du décès. Les anciennes traditions recommandent donc de faire quelque chose, prières, etc… pour soulager ce qu'on croit être une âme et pour éviter qu'elle continue à faire du tort, si sa pensée était négative. Les principales religions continuent à pratiquer des rituels dans ce sens.

Dans le cas d'un individu devenu meurtrier pour obéir à une religion, onde contraire à la volonté divine ou aux forces de l'évolution, au patron, cette onde négative, ce corpus puni peut être libéré par le pardon que peuvent lui consacrer les victimes, ou par les excuses que peuvent adresser au monde ceux qui sont responsables de son comportement assassin.

En attendant, et malheureusement, plus il y a de vritis malsains dans le monde, plus les tendances homicides de l'humain sont supportées, entrainées.

Les lois sociales ne peuvent rien pour le corriger et pour améliorer la situation. Il faut un effort spirituel, un effort par un nombre toujours croissant d'humains.

Nous n'en sommes pas là.

Il a été écrit que dans cette Ere du Verseau où nous venons d'entrer, il n'y aurait pas de prophètes et que tous les mystères seront élucidés.

Le modèle B est un grand pas dans ce sens ; un grand pas pour l'humanité... pour paraphraser la fusée lunaire.

Et de par son enseignement et les développements qui suivront, le modèle B montre aux sceptiques, aux agnostiques et aux athées qu'il n'y a pas de place pour de nouvelles révélations, et ipso facto, pas de place pour de nouveaux prophètes.

C'est un bien parce que les prophètes sont porteurs de violence. Il n'y a aucune place, aucune nécessité de violence.

Enfin, nous n'en sommes pas encore au point ultime qu'apportera le Jour-6. Il va falloir supporter encore bien des jours de souffrance inutile, de brutalités.

Ce qui nous amène au sujet des rapports humains.

16. L'humain

Genesis 1.27 IL LE CRÉA À L'IMAGE DE DIEU :
IL LES CRÉA MÂLE ET FEMELLE.

Le premier chapitre de la Genèse correspond de très près à l'essentiel du modèle B. Cette correspondance est apparue à la fin de l'analyse de l'univers, le modèle B n'est pas inventé pour supporter le Bible, c'est une simple coïncidence.

Ou c'est peut-être parce que les deux décrivent la même chose, la création et l'évolution telles qu'elles sont.

Que ce soit la Création, que ce soit l'Evolution et finalement que ce soit l'insistance sur le fait que deux types d'humains ont été créés, tout colle de fort près.

Homme et femme, deux humains passablement différents.

Il faudrait consacrer plusieurs chapitres sur le sujet, sujet fort sensible ces derniers temps.

Il y a donc une catégorie 'Homme' avec des instincts et des câblages cérébraux spécifiques. Par exemple, les hommes s'énervent facilement dans les discussions mais si le responsable de leur ire est une femme, ils auront beaucoup moins tendance à frapper que si c'est un homme.

C'est pourquoi, dans le monde entier, en tout temps, si dans un pays donné **100** femmes sont assassinées dans l'année, dans la même année on comptera **1000** hommes tués dans la même rage.

Mais dans les grandes lignes, et sans perdre notre temps dans les détails, on observe que les femmes sont à peu près comme les hommes à tous points de vue, mais ceci seulement une partie du temps. Le jeu hormonal du corps féminin fait que la femme est femme une bonne partie du temps, et homme le reste.

Ce qui est absolument déroutant pour les hommes.

La raison pour laquelle je touche ce sujet ici c'est parce que nous entrons dans le Jour-6 et que par conséquent il convient de permettre à tous de s'exprimer selon sa nature et selon ses directives instinctives du moment.

Il y a donc deux grandes catégories : les Hommes, individus avec corps et câblage viril, et le reste de la population.

Pendant les jours 4 et 5 seuls étaient respectés ces individus, les autres plus ou moins écrasés selon la saison, l'année, la culture et autres considérations.

L'Homme ne représente qu'une partie de la population ; moins de 50 % peut-être moins que 40 %. Et si on tient compte des enfants impubères, le pourcentage est bien moindre.

Le reste de l'humanité devait s'écraser. Nous les appelons les 'non-hommes' ou **'nonomes'**.

Parmi les nonomes : les femmes, le groupe bruyant des BCD et les acteurs.

Les acteurs font partie de ce groupe parce que, comme les femmes ils n'ont pas d'identité stable. Bien entendu on va mettre cette classification sous le titre sexiste et machiste, mais ça fait partie de cette étude et on ne peut pas simplement la pousser sous le tapis d'un coup de balai.

Et puisque nous sommes dans cette zone hostile, voyons comment voir l'insistance de nombreuses religions à mettre des hommes comme responsables et représentants du Tout-Puissant de leur religion.

Bien entendu, nous allons commencer par le Catholicisme parce que c'est la religion qu'on peut le plus facilement attaquer.

Nous avons vu que pendant le Jour-6 Hommes et Nonomes sont considérés égaux et donc interchangeables.

Mais la religion chrétienne et bien d'autres religions sont nées dans les Jours antérieurs. Donc, ce ne serait donc qu'une tradition, une fixation, une mauvaise habitude.

Cependant, si nous regardons l'évolution comme l'intégration toujours plus importante des images du Patron écrites à jamais en Mu, comme la matérialisation du Patron, nous pouvons soupçonner qu'il y a une limite aux formes qui sont acceptables ou plus exactement acceptées, supportées, valides.

Le monde matériel crée des formes en se servant des ressources minérales et biologiques. Toutes les formes qui se maintiennent le font parce que le Patron les soutient, en est le créateur pourrait-on dire.

Mais certaines des formes créées par l'homme qui est devenu créateur, et plus encore les formes créées par les créations de l'homme créateur n'ont aucun support, aucune correspondance en Mu.

Elles sont hors du patron, et pour cette raison totalement labiles, sans le moindre appui éternel.

Un monde virtuel est créé sous nos yeux, monde qui permet de résoudre certains problèmes devant lesquels la biosphère est impotente, mais majoritairement monde sans avenir. Les téléphones de cette année seront bon pour la poubelle dans cinq ans, et dans dix ans personne ne se rappellera qu'ils aient jamais existé….

Quels sont donc les problèmes que le potentiel virtuel du Jour-6 peut résoudre, problèmes qui échappent à l'humain, ainsi qu'à l'évolution naturelle, l'évolution voulue par le Patron ?

Poussant un peu la portée de cette étude, demandons-nous ce que veut le Patron, où va l'évolution ?

Le modèle B est brutal.

Selon ce modèle, quel progrès important peut-on espérer ?

17. But de l'évolution

Une amélioration de la durée de la vie ? mais même si nous vivions 500 ans nous finirions morts. Et pendant tout ce temps, que ferions-nous ? comment occuperions-nous notre temps ?

Que le lecteur y pense.

Il y a bien la conquête de l'espace, la colonisation d'autres mondes…. La biologie et les lois de la physique nous interdisent de penser honnêtement que nous participerons à autre chose que répéter sur Mars ou sur la Lune ce que nous faisons ici, mais véritablement rien d'important.

Nous pouvons croire, cependant, que la création et l'évolution ont un but ultime. Il est fort probable que tout finira par la formation d'un énorme Noyau Noir, un réceptacle d'une infinité d'images, de formes et de messages, mais l'Homme a-t-il une participation quelconque à cet assemblage ?

L'Homme, la Vie ne sont-ils que des petites agitations locales sur une planète ou au contraire sont-ils des modèles de projets réalisés qui doivent maintenant être divulgués au reste de l'univers ?

Et comment pourraient-ils être propagés ?

Pas par des corps humains !

Mais ils pourraient l'être par des êtres non biologiques, des robots et des ordinateurs.

Et donc, soit remarqué en passant, des créatures asexuées.

Hawking. l'homme, l'âme

La tâche des jours précédents et en particulier la tâche des jours 4 et 5 a été le développement de la science du monde minéral et biologique, la tâche du Jour-6 est le développement de la science de l'irréel, de l'imaginaire. On peut déjà prévoir que le cerveau humain sera dépassé dans toutes les dimensions ce qui peut être déprimant.

Mais c'est moins déprimant si nous nous rappelons que tels que nous sommes, notre vie, notre pensée, nos rêves et nos réalisations sont absolument éphémères.

Que tous les rêves de l'humanité soient dépassés dans quelques milliers d'années, ne nous touche pas vraiment car nous serons déjà fort loin de ces préoccupations.

Donc, à l'avenir, la conquête de l'univers, l'organisation de toute l'énergie de tout l'univers, de tous les quantums et tous les manques du RET tout entier atteindra sa fin.

Nous nous sommes déjà demandés si c'est une fin ou un but, si le Patron est une entité ou rien qu'une stèle où son image est inscrite ; si l'impair a une sorte de vie, une sorte de propos, une sorte de volonté.

Impossible d'apporter une réponse sûre.

Mais revenons à notre Pape.

En définitive, ce qui crée toutes formes, toutes choses c'est la Mère, c'est Ga, ce qu'on peut appeler continuum Espace-Temps et l'autre monde.

Mais l'origine vraie de toutes choses, ce n'est pas elle, c'est 'A', l'impair, le dieu que l'homme imagine sans le moindre contact et sans la moindre preuve.

La Mère en particulier, Ga, et dans l'humanité, la Femme est instable, double, depuis ses gènes jusqu'à ses pensées et comportements, instincts et cycles.

Elle est double jusque dans ses cellules, c'est une chimère ; le X de certaines de ses cellules provient de la mère de sa mère et le X des autres cellules provient de la mère de son père.

La Mère ne peut pas représenter 'A', mais elle en donne des représentations symétriques, opposées.

Pour que cette création double progresse, il faut qu'une partie soit supportée plus que l'autre, il faut qu'il y ait une référence stable, unique.

Il n'est pas nécessaire que l'impair soit en contact, il suffit qu'il y ait en GA un vague sentiment de son existence, même si le contact a été excessivement bref.

Ce vague sentiment, ce léger souvenir suffit pour qu'il y ait progrès et non pas oscillation.

Ce vague sentiment est perçu aussi par les cerveaux humains ; nous avons tous la capacité de clairvoyance même si la majorité d'entre nous ne s'en rend pas compte.

Et c'est parce que nous avons ce vague sentiment, peut-être renforcé un peu pendant le sommeil et le rêve, c'est parce que nous avons ce vague sentiment que les notions d'esprits, d'anges, de dieux existent dans toutes les sociétés et ce malgré le progrès de la science qui cherche à prouver qu'il n'y a rien, que nous ne servons à rien sinon à être prêt à répondre au téléphone et à suivre les publicités, quand ce n'est pas se lancer à la guerre.

Donc, les religions basées sur les enseignements de visionnaires et non sur la logique et l'égalité sociale, ces religions doivent représenter leur Dieu principal, l'impair, par un Homme.

Comme nous l'avons vu, d'une façon générale les nonomes sont plus adaptables, plus versatiles dans les situations sociales.

La société actuelle tend à leur donner l'avantage, mais le Jour-6 durera

2000 ans, nous verrons comment les choses se stabilisent.

Ce qui nous intéresse particulièrement ici c'est le rapport entre cet état de choses sociales et les religions.

Pendant longtemps, dans le monde occidental mais aussi chez les Musulmans, on a parlé de Dieu le Père.

Pour le modèle B, le Patron, le programme qui semble diriger l'évolution est un aspect de 'A', de ce qui a frappé Oom au moment BB, instant de la Bonne Baffe.

Alors, le Patron, 'A', dans la mesure où c'est une entité vivante et pas seulement un programme rigide – le patron du tailleur – 'A' est-il Dieu le Père, ou est-il Dieu la Mère ? ou est-il quelque chose de mixte comme certains dieux hindous ?

Dans le modèle B, 'A' touche Oom ce qui crée des vagues gonflantes et autant de vagues creusantes, des quantums et des manques. On peut les voir, les premières comme Yang et les autres comme Yin ; les premières plus 'masculines' et les secondes plus 'féminines'.

Bien, nous avons maintenant les deux aspects jouant chacun un rôle important, construisant le monde ensemble sans qu'il y en ait un qui domine l'autre.

Ici la notion chinoise Yin et Yang nous simplifie la description. Mais ça ne nous dit rien sur 'A', sur le 'Patron'. Est-il Yin ou Yang ? ou les deux ?

Il ne peut être les deux puisqu'il suffit d'une seule poussée pour que les deux types de particules apparaissent et emplissent l'univers.

Donc 'A' est unique … mais la question reste, est-il Yin ou Yang ? Il n'est ni l'un ni l'autre, il est unique et étant unique dans L'ailleurs, il est nécessairement impair.

Non seulement est-il seul, il est nécessairement simple. Impair !

Personnellement je suis assez satisfait par le modèle B et par conséquent je puis dire que j'y crois.

Donc, un petit sourire au passage :

> Je Crois en Dieu (ou en 'A')
>
> L'impair tout-puissant
>
> Créateur du ciel et de la Terre

... plaisanterie qui reste limitée à notre langue.

Pour en finir avec les hommes et les nonomes, signalons que dans les réunions où nous présentons un enseignement ou un autre, l'aïkido par exemple, au moment du salut nous recommandons de mettre les Hommes en avant et les nonomes en arrière. Pas parce que les nonomes sont inférieurs, mais parce que si les femmes sont placées devant les hommes, les hommes sont distraits ; si les femmes sont placées dans le même rang que les hommes, même remarque.

Quant aux autres nonomes ; ils introduisent eux aussi de la distraction. Les hommes, hélas, sont programmés ainsi.

C'est comme mon chien Braque de Weimar qui n'est pas libre de ne pas courir si je jette quelque chose qu'il a vu dans ma main.

Le Pape François vient de dire à un jeune homosexuel que son état n'est pas un péché, qu'il est aimé du Christ et de l'Eglise comme toute autre personne.

Ce qui lui a valu des applaudissements chaleureux des BCD. Mais presqu'au même moment, Sa Sainteté le Pape a dit qu'on ne peut pas recevoir les homosexuels dans les Séminaires.

Est-ce une contradiction ?

Le point de vue de l'Eglise c'est que Dieu est mâle et que l'Eglise est femelle. Comme toute femelle, c'est elle qui génère les enfants du couple : les fidèles. Mais pour ce faire il lui faut un mâle : cette nécessité est satisfaite par les séminaires qui forment les prêtres, les représentants de Dieu.

Tout ceci est symbolique et le catholicisme a tous les droits d'imposer sa façon de voir le monde à tous ceux qui veulent en être membres.

Et les autres ont un droit parallèle de rejeter cette vision.

18. Culte des ancêtres

La plus grande partie du texte est centrée sur les religions méditerranéennes.

Nous n'entrons pas profondément dans leurs descriptions individuelles, sauf les rituels chrétiens et les textes comme le Genèse.

Nous avons mentionné que les bénédictions et malédictions existent, que ce sont des vritis importants créés par des humains.

Quand l'individu décède, ce type de vriti persiste. Nous avons dit 'associé' à un lieu ou un objet dans le cas de la malédiction, attaché à des restes concrets – reliques, tombes – dans le cas de bénédictions.

Ces vritis sont perçus comme 'entité', comme fantômes, comme esprits par les individus les plus sensibles, et font partie de la notion d'âme.

L'âme donc, c'est d'une part le dernier aspect du névrome de l'individu, une onde qui se disperse dans l'univers, c'est aussi le jeu de corpus provenant du névrome, corpus qui se dissolvent l'un après l'autre, et, comme nous le mentionnons maintenant, c'est aussi le vriti du 'Je' qui peut être fort puissant et très établi.

Et c'est aussi, nous l'avons vu, les vritis, les vrilles idées fixes, celles des saints, celle des grands tyrans, celle des grands malades mentaux, et probablement celle des humains à forte personnalité.

Nous ne sommes pas tous aussi solides, aussi consistants que nous le croyons.

Ce dernier vriti est une onde dans le RET, un plissement qui se déplace petit à petit comme se déplace la terre dans l'espace et comme se déplacent toutes 'choses', les choses étant elles-mêmes rien que des ondes se déplaçant dans le RET.

Mais en général, aussi forte soit-elle, celle image, cette gravure du 'Je' disparait, absorbée, si tout va bien, associée à jamais à quelque entité puissante ou même à l'un des archanges ou avec la Mère.

Dans les anciennes cultures on portait une grande attention à l'âme du défunt, à cette empreinte.

Dans certaines régions on plaçait le corps dans un tronc d'arbre évidé et on le ressortait une fois par an, pour participer à une fête de famille.

Dans tous les cas, on pensait que le défunt laissait un être spirituel qui pouvait faire du bien ou du mal. Il fallait se le concilier et éventuellement l'apaiser parce que, si les choses allaient mal, c'était qu'il était fâché ou même qu'il cherchait à se venger.

La Société chinoise a insisté sur ce rapport entre les vivants et les morts. Je ne sais pas dans quelle mesure ces traditions sont encore respectées – Influence de Mao, influence de la migration des campagnes à la ville – mais elles sont certainement encore puissantes.

Le vivant doit absolument centrer tout son comportement sur le respect de la lignée. Bien entendu on commence par le concret : le fils doit tout à son père, il n'a pas de biens propres. Et le Père doit faire tout son possible pour satisfaire son père, mort ou vif, et aussi le grand-père, et ce jusqu'au fondateur de la lignée...

Je ne sais pas où en est le fondateur d'AliBaba...

Comme tous ces gens pensent à cette âme, et ce de génération en génération pendant des siècles, cette âme du fondateur est perpétuellement renforcée et elle persiste.

Dans ce cas, à supposer qu'il n'y ait pas eu d'interruption et conflits dans les familles, on peut croire qu'il y a dans le monde quelques 'esprits' familiaux, quelques 'manes' qui persistent depuis des siècles et participent au bien-être des descendants...

Docteur Bruno P. H. Leclercq

On peut en douter ...

Il me semble que nous en ayons fini avec ces histoires d'esprits, de fantômes etc...

Elles appuient les croyances de ceux qui pensent que la méditation peut améliorer la santé et les affaires.

Elles suggèrent qu'il peut être avantageux de pratiquer la prière, de chercher l'aide, l'appui d'entités spirituelles, celles qui sont dérivées des efforts des saints et guides, et celles dérivées directement des Archanges et dieux.

L'appui de 'gourous' est plus risqué

Si gourou est vivant il est plus difficile de l'abuser, de ne pas faire les efforts qu'on prétend faire, mais il y a risque qu'il ait un programme nocif.

S'il est mort, il ne peut abuser, mais on peut facilement croire qu'on le trompe et que nos efforts sont suffisants.

19. Remplissage désordonné

Après avoir terminé Kein Stein je pensais en avoir fini avec l'écriture. Peut-être quelques petits commentaires ici et là, des textes de quelques pages…

Mais d'un petit texte au suivant je me suis rendu compte rapidement que le total passait les 300 pages.

Tout avait été écrit en textes courts, sans liens les uns avec les autres, et par suite pleins de répétitions.

J'ai pensé à les grouper et me suis aperçu qu'ils s'y prêtaient fort mal.

Ainsi est né ce recueil qui est assez bien coordonné.

Les petits textes en question ont attaqué entre autre, les notions de corpus et disons-le de magie sous tous ses aspects.

Dans Kein Stein, le sujet des âmes avait été assez bâclé, mais maintenant à y repenser sérieusement, des liens sont apparus qui permettent de suivre la formation et la dissipation partielle ou totale de ce qu'on pourrait appeler l'âme. J'utilise ce terme pour gagner du temps. Ce qui précède dans ce texte détaille ce que j'entends décrire, les corpus etc…

Mais en terminant les choses je m'aperçois qu'il y a matière à plus de pages, pratiquement un autre livre. Je n'ai pas l'intention de m'attaquer à sa construction. Je vais donc me contenter de terminer le présent livre en y accolant les divers thèmes et sujets qui sont nés au hasard de mes pensées, songes, rêves, méditations des derniers mois.

Les intégrer dans ce texte me forcerait à tout revoir. Je ne vais pas le faire. Je ne suis pas sûr d'en avoir le temps, et je n'en vois pas l'intérêt.

Docteur Bruno P. H. Leclercq

Tous les sujets traités jusqu'à présent et tous ceux que je vais ajouter sont si variés que si je parviens à me créer une audience, ils seront traités séparément par les uns et les autres. Les physiciens y verront plusieurs thèmes importants, les athées en trouveront d'autres, les psychologues ne seront pas en reste et les diverses religions seront à la fois ravies et horrifiées.

Parmi les sujets que j'avais touché en premier se trouve l'affaire des chacras.

Il faut le voir parce qu'il fixe l'attention d'un grand nombre de gens.

20. Tchacras et méditation

Cette série de textes a débuté sur un autre sujet, celui des tchacras.

Dès mes premiers livres j'ai mentionné l'existence de plans de conscience qui communiquaient comme une pile de crêpes ou comme un gâteau à étage.

Je considérais que c'était le résultat de segmentations du système nerveux.

Cette impression a été renforcée par l'étude de la formation du gnathostome, par la découverte que nous avions deux systèmes nerveux parallèles :

En fait il y en a plus que deux.

Pour notre description nous allons décrire les systèmes concrètement actifs et les systèmes représentatifs : nous allons fortement simplifier, schéma suffisant pour nos besoins du moment.

Systèmes directement actifs :

- système nerveux parasympathique
- système nerveux sympathique
- système somatique : réflexes directs par les tendons, par la colonne vertébrale et par le cervelet.

Système représentatif : le télencéphale.

C'est une liste fort simplifiée...

Relions cette classification aux descriptions ésotériques, par exemple aux tchacras

Docteur Bruno P. H. Leclercq

Nous avons d'une part

- les six tchacras représentés par la hatha yoga et d'autre part

- les tchacras de la tête décrits dans les études plus profondes.

Après avoir conçu le Modèle B avec les granules immobiles et Mu je me suis demandé quels étaient les rapports entre les tchacras par exemple, et les diverses couches qu'on y décrit.

Dans la mesure où la Science physiologique et médicale s'y est attachée véritablement, elle n'est arrivée à rien.

Le modèle qui se rapproche le plus d'un ensemble raisonnable, logique, acceptable c'est l'acupuncture.

On observe bien quelque effet dans de nombreux cas, mais on peut les classer en effets placebo.

De nos jours, il semble que la Science reconnaisse que l'acupuncture a un effet dans le traitement du syndrome du tunnel carpien.

Notre étude et nos expériences personnelles sur l'acupuncture nous ont montré un lien physiologique, neurologique et anatomique entre les points d'acupuncture et les attaches des tendons.

De leur côté les attaches des tendons sont directement reliés à des centres d'activité de la moelle épinière et indirectement à des activités parasympathiques, sympathiques et musculaires.

Mais les 'Kings', les méridiens, on ne leur trouve aucun support concret ; on n'arrive pas non plus à détecter le flux de Ki ou Qi qui y circule alors que les spécialistes nous indiquent où se trouve le Qi de façon régulière à telle ou telle heure.

Dans un autre domaine, celui des tchacras, ainsi que celui de la circulation, accumulation ou absence de Prana dans les divers Nadis la situation est pire car on n'a pas trouvé de lien entre l'activité des plexus nerveux par exemple et les tchacras.

Il y a bien quelque rapport entre l'excitation de plexus importants et l'activité accrue dans les tchacras, mais la majorité des activités décrites par les spécialistes de l'occulte n'a pas encore été reliée à cette anatomie-physiologie occulte.

Ce qui n'arrange rien c'est que les spécialistes en question décrivent la présence de divers plans : on les appelle parfois des mondes, et souvent on parle de 'corps', cochas, enveloppes, plans.

Jusqu'à ce point, notre description de l'univers avec les photons, les pressons, et les manques ne suffit pas pour expliquer le monde décrit par les sciences ésotériques.

Mais nos expériences personnelles, et plus encore le fait que nous pouvons entrainer la plupart des gens à percevoir au moins certains centres, à faire leurs propres essais et en tirer leurs propres expériences nous confirment qu'il y a bien quelque chose de 'concret', au moins de relativement concret.

Et d'universel.

Prenons le cas du tchacra : le tchacra disons pelvien, Mouladara tchacra, on le décrit composé de divers éléments.

La concentration (dharana) sur son aspect le plus externe permet de nous éveiller au plan suivant, un plan circulaire qui contient un carré !

La concentration sur le carré entraine dhyana (on sent qu'on est passé un peu plus profond)

Et on arrive an niveau de la lettre racine, Lam.

On peut faire le même exercice avec les six tchacras.

Trois des tchacras permettent d'aller encore plus profond, ce sont les tchacras dans lesquels les images montrent le lingam dans un yoni.

Ces trois tchacras sont :

    Mouladhara, centre en bas du tronc

    Anahata, centre du Cœur

    Adjna, centre du Front

Le lecteur n'est sûrement pas surpris que ce soient justement ces tchacras que nous avons représentés au début, tchacras qui correspondent aux jours 4 , 5, et 6.

Pour les catéchumènes linga, c'est pénis et yoni c'est vulve, symboles concrets utilisés couramment en Hindouisme. On les place généralement l'un dans l'autre ; on les honore par la prière, en les couvrant de beurre et de fleurs.

Les lingams et yonis de ces trois tchacras se trouvent dans un niveau, dans un plan encore plus éloigné de la surface et sont en fait les portes d'introduction à un autre plan encore plus profond, un plan où se trouve un seul tchacra, un seul sens relié aux trois que nous venons de quitter.

C'est une porte d'introduction vers kundalini : kundalini est un courant d'énergie psychique.

Scientifiquement improuvé et donc inexistant – pas vrai ?

Vu dans l'autre sens, c'est le plan où le matériel et dans notre cas, l'humain commence à être créé, zone de sortie du monde matériel et sensation de l'immatériel….

Mais ceci nous entrainerait trop loin.

Certaines illustrations, certains sages indiquent que kundalini sort par le haut, mais d'autre la montre sortant dans le dos, au niveau du cœur et donc au niveau de ce centre que je viens de mentionner.

L'important pour ce texte c'est d'indiquer qu'il existe bien divers plans, ce qui ne colle pas directement avec la description du monde réel par le modèle B.

Les divers 'Maitres' ne sont pas toujours d'accord.

Radjneesh dit que tous les 'corpus' ont la même taille

Mouktananda dit que le corps le plus profond est une Perle Bleue au niveau du cœur…

Ils ont raison tous les deux mais ne décrivent pas exactement la même chose.

Aurobindo dit que par le passé le progrès se faisait en montant de bas en haut, mais que maintenant, nouvelle ère, l'énergie libératrice vient d'en haut et descend…

Si vous avez lu ce texte avec attention vous voyez clairement le pourquoi de leurs divergences.

Ces expériences sur les tchacras et les descriptions qui en existent déjà dans les traditions les plus anciennes nous poussent à chercher un modèle mécaniste permettant des communications faibles entre des plans existant véritablement.

Nous retrouvons ces plans, leur copie dans les tchacras du crâne.

Faisons un bref détour pour en finir avec les tchacras.

Pourquoi les Hindous sont-ils les seuls à décrire les six tchacras du corps ?

Si on regarde les décorations des anciens sarcophages égyptiens on voit une série de cinq à six paires de dieux le long du tronc et jusqu'au cou.

Hawking. l'homme, l'âme

Plus les sarcophages sont récents, moins il y a de centres, les forces n'étant pratiquement plus représentées que par Isis et Nephtys ; les courants yin et yang d'autres traditions : ida et pingala des Hindous.

Les Egyptiens avaient donc, eux aussi, perçu et décrit les tchacras du Yoga.

Plus tard dans l'histoire de l'Egypte, on trouve les Djeds, petites statuettes qui n'ont de trois disques en haut d'une colonne.

Il faut voir dans ces disques les centres de la tête, ceux du corps étant négligés.

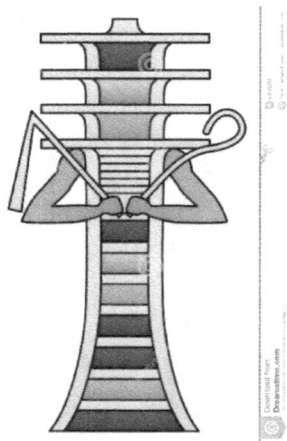

Il se trouve que ces centres du crâne sont bien plus puissants que ceux du tronc.

Hawking. l'homme, l'âme

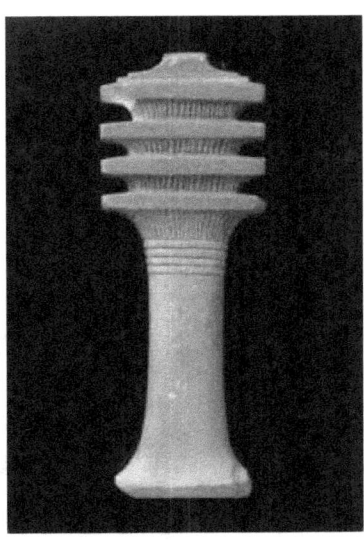

A la limite de la représentation, on trouve, chez les Egyptiens encore, le

Bâton Ouas des grands prêtres.

Ce bâton, cette canne, c'est kundalini, ne pas s'y tromper, comme sont kundalini également la crosse des évêques des Chrétiens et la Férule du Pape.

Et pour nous distraire un peu, passons voir le bâton, la canne spéciale ; la férule du Pape.

Docteur Bruno P. H. Leclercq

En regardant, par curiosité, une messe catholique en Allemand, j'ai été frappé par la croix qui se trouve derrière le prêtre, croix bien visible pour tous les fidèles.

Elle contient un symbole qui n'a rien de chrétien. Mes élèves d'Aïkido ont vu la même chose que moi.

Hawking. l'homme, l'âme

Il est difficile de croire que l'artiste qui a dessiné cette croix ne s'est pas rendu compte de ce qu'il présentait. Sans aucun doute, avant de placer le Christ en croix, il a dessiné la croix. Voyons voir !

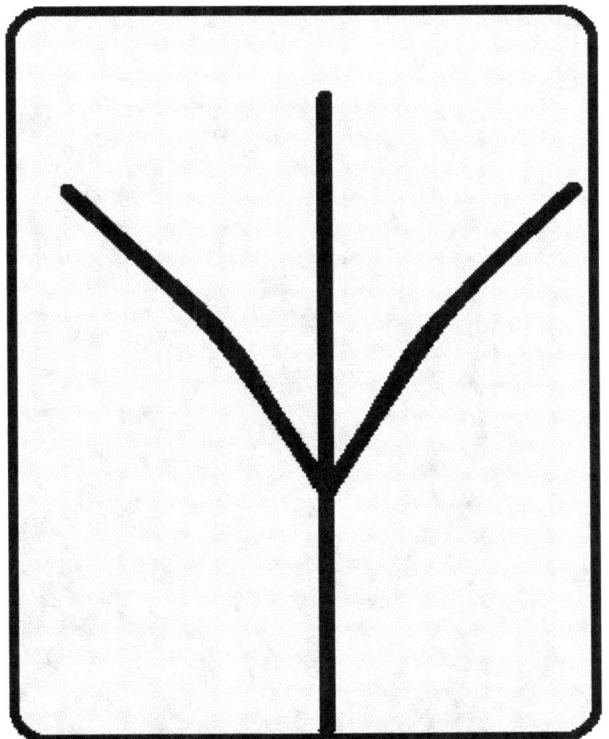

Qu'y voyez-vous ?

L'un de mes élèves m'a dit que l'un des Papes avait eu le même Christ sur sa Férule, son bâton. J'ai vérifié et vu que Paul VI, effectivement a promené ce symbole pendant une courte période... on lui a changé assez rapidement, peut-être quelqu'un y a vu ce qui y est représenté.

Présenter en même temps des symboles mâle et femelle est assez fréquent dans certaines religions des Indes. C'est fréquent aussi dans le Vodou.

Cali sur Çiva

Je l'ai probablement déjà écrit ici ou là, mais qui m'a lu ?

Un jour, me promenant à New York, passant devant la vitrine d'un brocanteur j'ai vu l'une de ces boules 'sans nom', et j'ai perçu immédiatement qu'elles représentent les couches, les plans de conscience, les corpus dans la tête.

Perception par résonnance, pas par raisonnement.

Ce sont des 'instruments' pour expliquer, pour enseigner et aussi pour pratiquer la méditation. Elles ont été créées par un mouvement, une religion disparue sans laisser de trace.

J'ai demandé à divers types de religieux chinois, j'ai cherché dans l'internet, et tout ce que j'ai trouvé c'est que ce sont des bidules pour montrer la dextérité des artisans chinois…. C'est inexact, le nombre de couches correspond à quelque chose de vrai, mais vu comme objets sans valeur les collectionneurs cherchent maintenant des boules à dix ou douze couches….

Ayant compris, perçu ce que c'était je me suis dit que sans aucun doute, il devait y avoir des accessoires pour indiquer les centres, les tchacras du corps, du tronc. Et effectivement il y en a.

Dans les boules chinoises dont l'usage a été perdu, on observe généralement six ou sept sphères l'une dans l'autre.

Nous allons les appeler **Boules BQ** en hommage à celui qui a découvert leur origine, leur raison d'être, et ce qu'elles représentent.

Le B c'est la boule, le Q c'est la queue, le support.

Les vendeurs les appellent boules de Canton :

En cherchant un peu plus dans les illustrations – merci l'internet qui nous épargne bien des pas – on voit que parfois ces **boules BQ** sont associées à un support, un socle. Je m'y attendais.

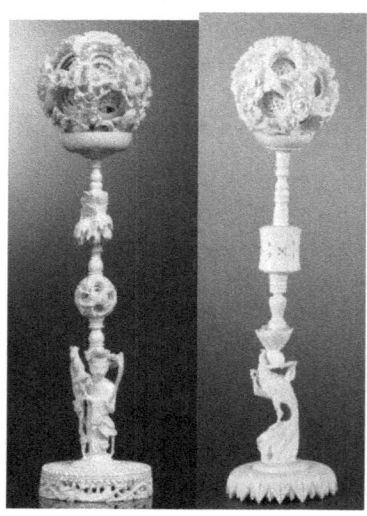

Avec le temps, des siècles peut-être, ces centres deviennent de moins en moins détaillés et à la fin nous n'avons plus qu'un travail de sculpture à la base et un ensemble fort détaillé là où se repose la boule.

On peut donc voir dans le support la chaine des tchacras du corps avec le tchacra de la gorge et du front particulièrement reconnu comme important, mais séparé des **boules BQ**.

Les boules sont donc les corpus du crâne, du cerveau et ces boules sont des supports à la méditation, des cartes, des mappemondes si on veut.

Par la méditation on passe d'une couche à l'autre, de la plus superficielle à la plus profonde, et tout ça dans accorder beaucoup d'importance aux tchacras du corps.

Bref, la raison pour laquelle les autres systèmes et les religions modernes ne décrivent pas les tchacras du tronc c'est parce qu'ils sont de peu d'importance pour ceux qui cherchent la Voie, le progrès spirituel.

Au début de l'observation et la découverte de centres d'énergie, l'important était le monde concret et donc la découverte de la présence de centres excitants dans le tronc, des centres causant des réactions physiologiques remarquables.

Puis, après quelques millénaires, ces chercheurs, ces premiers savants du monde immatériel ont découvert expérimentalement que par des exercices, et parfois par des drogues, on perçoit des énergies beaucoup plus puissantes.

Nous sommes persuadés que certains y sont parvenu spontanément. C'est généralement le cas des grands prophètes.

Ces exercices causent des sensations puissantes principalement dans la tête, dans le cerveau, sensations qui peuvent provoquer des réactions physiologiques et des réactions motrices dans le corps tout entier.

Docteur Bruno P. H. Leclercq

Enterré l'intérêt des centres du tronc, éliminé la description des centres extra-céphaliques, centres hors de la tête.

Plus de tchacras ! oublié l'intérêt pour les centres du tronc ; éliminée la description des centres extra-céphaliques, centres du tronc.

Restent tout de même quelque allusion et même illustration de centres du tronc dans les statues du christianisme. Le Sacré-Cœur par exemple.

La raison du succès actuel des tchacras du hatha yoga vient de l'ignorance totale des Occidentaux qui ont trouvé là un modèle concret sur lequel fixer leurs esprits et leurs conversations.

Les grands mouvements, y compris aux Indes ne prêtent aucune attention aux tchacras du tronc, et ce parce qu'ils ne servent pas à grand-chose et ne mènent pas très loin.

Radhnish indique que l'homme moderne, l'humain moderne est beaucoup plus éduqué que ceux qui ont débuté l'enseignement spirituel et que par suite il a beaucoup moins de mal à atteindre les niveaux internes.

Les 'dos' des arts martiaux japonais, ainsi que le hatha yoga commencent au niveau le plus primitif, à la maitrise du corps.

Il faut se rendre compte qu'au début, il y a encore une cinquantaine d'années, dans les sociétés qui se préoccupaient d'enseigner traditionnellement l'autodiscipline, les aspirants entraient dans la pratique à l'âge de cinq ans.

Nous n'en sommes plus au point où il faut absolument lui consacrer beaucoup de temps, on peut même ne pas s'en occuper du tout. Dans le monde moderne, la majorité des gens qui s'intéressent à ces entrainements ont au moins dix ans d'éducation, d'école.

Sans oublier ceux qui ont des maitrises et des doctorats en n'importe quoi.

Une autre raison pour ne pas trop se préoccuper de la perception de ce qui se passe dans le corps, c'est que le système nerveux du crâne reproduit, double, ceux du reste du corps.

En dernière analyse, toutes les fonctions et toutes les opérations liées aux nerfs du reste du corps et aux tchacras sont reproduites dans le crâne, et les opérations de tout le corps, à commencer par les muscles, peuvent être activées par les centres du système nerveux central

Et voilà ! l'essentiel est dit.

Il ne reste plus que quelques millions de détails à découvrir, analyser et décrire.

Je passe la main.

Maintenant, pour un bien, il faudrait que je parle au lieu d'écrire. Personne ne me lit... m'écouterait-on ?

Docteur Bruno P. H. Leclercq

21. Systèmes de croyance

Le modèle B est passablement brutal en son analyse des systèmes de croyance. C'est une autre bonne raison de le rejeter. De ce côté, les religions se rangent du même côté que la Scifi commune.

Commençons par l'athéisme.

Un grand nombre de sociétés, de systèmes politiques rejettent ou interdisent l'expression des diverses religions. On avait coutume, pendant des siècles, dans les pays catholiques, d'entendre les cloches sonner à la volée le jour de Pâques, après que pendant des jours on les avait fait se taire depuis le Vendredi en respect de la crucifixion. Plus de cloches, plus de processions, mais on vend des lapins en chocolat pour se conformer au monde anglo-saxon. En France c'étaient des œufs et des coqs – le coq i pond qu'à Pâques – et en Allemagne des lièvres – Oester Hase –

Ça, les œufs et le chocolat, ça se maintient parce que c'est un prétexte à la dépense et ça n'a donc rien de religieux, malgré l'origine. Détails sans importance pour ce traité, mais on peut donner quelques informations aux non chrétiens.

Donc les gouvernements sont plutôt opposés à tout ce qui rappelle les religions et l'observation de leurs règles coutumes etc...

Le gouvernement, sans s'en rendre compte, appuie à la foi l'athéisme et les croyances excessives qui agissent discrètement dans l'ombre et capturent la pensée et la vie d'un certain nombre de gens. Je ne citerai personne sauf le mouvement de Radhneesh parce qu'il s'est éteint.

Mais on peut chercher un peu dans l'internet et découvrir le Temple du

Soleil, Jonestown... dans une certaine mesure les suicides et assassinats dont sont coupables certains groupes musulmans sont à classer dans la même catégorie.

Pour le modèle B il n'y a que très peu de religions qui collent au schéma des six jours. Il y a la religion d'Abraham, l'archéochristianisme et peut-être le modèle B quoi qu'il n'y ait personne qui prétende être prophète de cet enseignement socio-scientifique.

Les seuls prophètes valables, les seuls enseignements qui collent à la volonté du Patron sont ceux qui décrivent correctement la création et l'évolution.

Ceci inclut les philosophies et enseignements de l'Asie, depuis l'hindouisme et le Bouddhisme jusqu'aux traditions ancestrales chinoises que nous avons mentionné.

Mais sont exclues les religions qui enseignent des 'vérité' erronées sur le monde et sur l'histoire. On peut penser aux Mormons dont l'enseignement est plein d'impossibilités à commencer par le voyage de Jésus en chair et en os... ne pas oublier les 'tablettes' égyptiennes qu'un ange aurait prêtées au fondateur, pour les reprendre ensuite.

Que ce 'prophète' ait su lire l'Egyptien a troublé les croyants, mais ce mouvement vient de changer cette page de 'vérité'. Ils changeront le voyage de Jésus un jour ou l''autre comme ils ont changé et changent encore les enseignements à mesure que la pression sociale devient trop forte pour permettre la foi absolue.

On peut aussi mentionner une religion fort répandue qui décrit la création et l'évolution de façon absolument contraire à l'enseignement du modèle B. A part une description fantaisiste de la création, cette religion rejette les découvertes de la Scifa. Donc, selon les critères que nous avons établis, cette religion comme le Mormonisme et la Scientologie est basée sur les enseignements imaginés par quelque humain charismatique.

Docteur Bruno P. H. Leclercq

Si Hitler s'y était pris un peu mieux, il serait encore au pouvoir et une grande partie du monde – les pays d'Europe et leurs colonies, Chine comprise, le verrait comme grand prophète, le prophète et guide du peuple germanique, le peuple choisi selon lui.

Bien entendu, on peut rejeter les descriptions du modèle B, mais il est plus difficile de rejeter les découvertes de la Scifa. On peut le faire en continuant le lavage de cerveau, mais un moment arrive où ce procédé cesse de protéger l'enseignement faux ou absurde ou criminel, ou antihumain.

Ce n'est pas parce que les humains, soudain, sont intelligents et pensent par eux-mêmes, c'est principalement parce qu'un lavage de cerveau bien orchestré remplace un code civil par un autre.

Le scandale présent sur la toute-puissance de Facebook indique le danger nouveau qui est introduit par le téléphone et l'ordinateur.

22. Modèle B et les autres

Le premier pas important, pas qui sépare le modèle B de toutes les théories de la physique c'est le concept de granules.

La physique a inventé le concept de singularité et d'univers en expansion, concept dans lequel, à un moment donné, la singularité a explosé et libéré l'espace-temps et l'énergie.

Comment peut-on sérieusement croire que tout est venu de rien ?

Et qu'à la fin tout se concentrera dans une autre singularité…

L'espace-temps selon la physique est une sorte de suspension de quelque chose. Je n'ai pas la définition exacte, mais tel est le concept. Et la physique en question ne parle pas d'espace, d'endroit dans lequel cet espace-temps peut s'étendre et l'énergie circuler.

Nous parlons de L'Ailleurs, un espace dont nous ne savons rien à part le fait que Oom s'y trouve et que s'y trouve aussi 'A'.

Oom et 'A' sont en déplacement relatif jusqu'au moment ils entrent en collision.

Oom est plein, il n'y entre qu'une certaine quantité d'énergie, une fois pour toute, et y entre aussi un modèle, ce que nous appelons '**patron**'.

Nous expliquons comment ont été formés les quantums et les manques. Nous expliquons comment les manques peuvent avoir capturé des quantums et créé ainsi les premières 'particules', vrilles, vritis…

Mais nous sommes loin de décrire la formation de la première particule électrique, le premier positron et le premier électron. En effet, le couple élémentaire que nous indiquons n'a pas de charge électrique fixe parce que le quantum libre, le photon est électriquement alternatif, et nous ne voyons pas comment ni pourquoi il perdrait cette caractéristique pour rien d'autre que de tourner autour d'un manque.

Il faut absolument qu'interviennent de nombreux couples de ce genre. C'est un problème de géométrie et de mécanique ondulatoire. Absolument un travail de spécialiste, donc quelque chose qui nous échappe.

Les théories courantes de supercordes disent qu'il leur faut une vingtaine de facteurs pour expliquer les choses. Ils ne disent pas facteurs, ils disent dimensions, mais en fait ce sont des facteurs. Comme ce sont des problèmes de géométrie – dis-je – ils peuvent dire 'dimensions'. Mais ce terme fait penser à l'existence de mondes parallèles et autres concepts incompatibles avec notre Modèle.

Il vaudrait mieux dire 'facteurs'.

23. Ma biographie : pourquoi ?

Et pourquoi maintenant ?

Partant du principe optimiste que le modèle M va réorienter de nombreuses branches de la science, des religions, de la psychologie etc... des chercheurs futurs seront intéressés par ces questions.

Comme ma vie a été simple et sans rien de particulièrement remarquable, mais pas si simple que ça et pleine d'exemples et d'enseignements, et comme je ne sais pas de combien de temps je dispose, autant mettre tout sous la même couverture, même si ça ne se fait pas.

La vision prémonitoire sur les bombardements de Syrie m'indique que mon potentiel de prédiction est encore actif. Je ne sais pas où j'ai rangé les stylos il y a deux jours, mais je sais deux jours à l'avance qu'il va y avoir un bombardement à 5 ou dix milles km d'où je suis.

Quelqu'un a dit : se souvenir du futur et imaginer le passé.... C'est la condition de bien des visionnaires.

Donc, comme j'ai su longtemps à l'avance que mon épouse était condamnée à ne pas vieillir ; comme cette information que j'ai mal interprétée m'a été répétée jusqu'au dernières heures de sa vie, dans mon sommeil alors que j'étais au loin, comme, quelques semaines plus tôt, elle a eu la prémonition en rêve qu'elle allait mourir bientôt, la nuit même où m'apparut un changement catastrophique de ma vie, je suis persuadé que je serai prévenu à temps pour faire les ultimes arrangements.

Bien entendu je me le suis demandé, et bien entendu j'ai eu une réponse, mais comment être sûr ?

Je me souviens m'être demandé pendant une classe quand j'avais dans les dix ans si je serais en vie à soixante ans. Et j'ai su, j'ai perçu que je le serais... prémonition dont je reconnais l'exactitude.

j'aimerais savoir pourquoi je me le suis demandé ..

Dans ce genre de situation il est facile d'intervenir et de déformer le message parce qu'on ne l'aime pas….

Donc, même si je crois savoir, je ne sais pas vraiment.

Mais je suis sûr que je serai prévenu un peu avant, et encore juste avant.

Les prémonitions sont perçues a des distances temporelles fixes.

Ou c'est pour immédiatement

Ou c'est pour les prochaines heures,

Ou c'est pour après-demain mais pas d'informations sur demain …

Ou c'est pour dans dix ou quinze jours …. Je ne me souviens plus exactement ; il y a longtemps que je n'interroge rien.

Et ainsi de suite, tout se passe comme s'il y avait des distances temporelles, comme si les messages étaient cycliques, se propageaient à diverses vélocités fixes. Quelque chose de parallèle, en fait, à ce qui se passe avec les Corpus... différents corpus, différentes vélocités, différences densités de l'information... Il y a énormément de recherche à faire sur ces sujets également.

Hawking. l'homme, l'âme

Je ne les ferai pas.

Mais je peux me tromper…. On ne me communiquera peut-être rien du tout, ou je me refuserai à comprendre…

Alors, comme je n'ai rien reçu ni aujourd'hui ni hier, ni avant-hier, je pense qu'il me reste au moins deux jours et j'en profite. Sinon, quinze jours, sinon des années… nous verrons, vous verrez.

Donc j'empile entre ces couvertures des pensées et observations décousues. Cet ensemble a commencé de cette manière, j'ai fini par en organiser une partie, mais je cède à la facilité et me refuse de penser à organiser un autre ouvrage.

Le modèle B, la théorie que j'ai présentée dans Kein Stein, la dernière d'une longue série de descriptions suggère fortement que l'essentiel de la physique moderne est mathématiquement correcte et réellement erronée.

Tout allait à peu près bien jusqu'à ce que Monseigneur Georges Lemaitre invente la théorie de l'expansion de l'univers. On crédite Hubble de la chose, mais c'est une erreur ; de plus, la théorie de Lemaitre incorporait pratiquement l'idée de la singularité, l'idée que tout l'univers a débuté à partir d'un simple quantum.

As far as I can see, such a theory remains entirely outside any metaphysical or religious question . . . It is consonant with Isaiah speaking of the hidden God, hidden even in the beginning of the universe. (citation de l'internet) le prophète Isaïe a parlé du Dieu caché, caché même au début de l'univers…

Le Pape était relativement d'accord…

C'était en 1927 ; il fallait attendre 10 ans pour que je naisse.

Puis dix ans pour que je commence à penser et expérimenter sur les 'pouvoirs' magiques que je ne croyais pas magiques.

Puis 70 ans pour que je découvre le concept de **manque** – la source de l'attraction universelle – et écrive Kein Stein, exposition du Modèle B, la création d'un univers, le nôtre, et son évolution.

Nous entrons dans l'Ere du Verseau, les secrets y sont dévoilés et il n'y aura plus de prophètes.

Donc, je ne suis sûrement pas un prophète mais la prédiction est peut-être vraie : les secrets commencent peut-être à être dévoilés.

Modestement nous pensons que le modèle B est beaucoup plus logique et raisonnable que tous les modèles présentés par les mathématiciens.

Cependant, comme il ne s'appuie pas sur les maths, c'est plus l'œuvre d'un poète, peut-être d'un architecte que celle d'un savant. Ce serait, ce sera, aux ingénieurs et autres physiciens de le démontrer.

J'ai donné l'exemple de Taillebert l'architecte qui a dessiné le stade olympique de Montréal.

Le contrat avait été signé par le Maire de Montréal, Jean Drapeau, et les cabinets d'ingénieurs affirmèrent que l'idée était irréalisable : il fallait annuler le contrat ! Drapeau expliqua que ce serait trop cher et que, de plus, il aimait le projet. Si les ingénieurs de Montréal ne pouvaient pas le faire, il demanderait à d'autres de concrétiser le plan.

Subitement la chose devint étudiable et même réalisable. On construisit le stade après avoir résolu quelques problèmes jusque-là sans solutions.

Certains pensent que la peur de voir les sous leur échapper a aiguillonné l'imagination de ces ingénieurs.

En d'autres termes, si le modèle B est valide, personne ne veut le savoir, personne ne veut l'appuyer, les sous sont destinés aux modèles concurrents.

Mais si par miracle quelqu'un montre qu'il y a des sous à gagner là, l'imagination des uns et des autres s'éveillera : la méditation débutera !

Stimuler ainsi la méditation de milliers puis millions de gens : ce serait l'œuvre d'un grand Gourou.

Serais-je un grand Gourou ? Suis-je un grand Gourou ?

Il faudrait définir le terme, l'ajuster. Un guide ? probablement pas... un modèle, modèle de chercheur ? ptêt ben.

Un seul individu face aux millions de savants, face aux milliers de religions et leurs milliards de croyants ?

Y a-t-il jamais eu des individus isolés qui ont fini par entrainer des masses ?

Voyons le CV d'un peu plus près.

Il est temps de chercher s'il y a des raisons de penser que je suis spécial. Je ne me suis jamais vraiment posé la question : j'ai 81 ans et j'ai déjà eu plusieurs attaques d'**ischémie cérébrale transitoire** (ICT). Je suis donc peut-être à une seconde de la fin de ce corps.

J'ai quelque éducation formelle : licence en psychologie, section science, non clinique

Doctorat en Médecine

MBA

Nombreuses inventions mais pas de brevets

Trois articles scientifiques sur la physiologie du cerveau animal.

Etude de l'acupuncture, du Hatha Yoga, de l'Aïkido... améliorations de techniques... y compris celle de la respiration.

Rien de bien concret, sauf sans aucun doute, la recherche sur l'origine du gnathostome où on montre que l'homme descend autant de poissons primaires que des insectes les plus avancés ; sans oublier la découverte de la raison de 'récurrer' du nerf laryngé récurrent.

Recherche sur les Hommes de l'Afrique qui montre que Homo Sapiens ne vient pas d'Afrique subsaharienne.

Recherche sur le sens originel, réel de Nataradja, la statue de Çiva dansant devant le Yoni flamboyant.

Et Kein Stein, dernier avatar du modèle B, le premier ayant été Yoga des Sphères.

Et d'où vient l'enseignement qui justifie que j'enseigne le Yoga ? qui fut mon Gourou, mon Maitre ?

Après avoir lu un peu sur le Yoga, après avoir vu qu'il prétendait ouvrir la porte aux 'pouvoirs' magiques, j'ai décidé de suivre un cours ou deux. Il en avait un en particulier qui offrait une préparation pour devenir prof de yoga. J'ai suivi ce type quelques semaines, le temps de me rendre compte qu'il n'avait aucune notion de ce qu'il enseignait et que, par conséquent, les 'professeurs' qu'il formait ne savait rien et que par suite étaient 'professeurs' de Yoga tous ceux qui croyaient l'être ou qui professaient l'être.

Ne pas oublier les milliers d'heures de méditation et d'expérimentation que j'avais accumulées depuis l'âge de douze ans. Pratique de vision et pratique de guérisons thaumaturgiques.

Donc, je me suis nommé professeur de Yoga, prêt à enseigner les postures, les noms sanscrits et les respirations, sans oublier la répétition de mantra. Je me suis inscrit également à la Méditation Transcendantale où on m'attribua un 'mantra' personnel, cérémonie qui ne m'impressionna pas du tout.

Mais je pratiquai quelque temps.

Et pendant ce temps j'avais ouvert une école de Yoga : Abel Yoga Méditation.

Dès la première séance j'observai des résultats inattendus, des choses dont on ne m'avait pas parlé. Une élève par exemple, plongea si profondément dans la première méditation qu'elle fut paralysée pendant plus d'une demi-heure. Je 'vis' le problème et la 'libérai' sans plus que de le décider. Une autre élève fut guérie dès le premier jour d'un syndrome SADAM, problème de l'articulation de la mâchoire pour lequel on allait l'opérer : elle fut guérie sans que je sache qu'elle avait ce problème et sans rien faire d'autre que méditer avec le groupe....

Et de jour en jour, de semaine en semaine j'ai découvert que j'avais une influence, doit-on dire un 'don' de guérisseur ?

Et j'ai eu toutes sortes d'expériences propres. A un moment j'ai vu, perçu des mantras qui correspondaient à l'un ou l'autre. J'en ai fait profiter ceux qui y étaient associés dans mon esprit. Magie tout ça, illusion, rien de vrai sans aucun doute.

Le plus impressionnant pour moi c'est que je pouvais influencer les problèmes sans même en parler au bénéficiaire. Je n'irai pas plus loin ; mais il fallait ce minimum pour concevoir que quelque chose existait. Je continuais à penser que tout ceci était physique, un lien, un rapport de type matériel inconnu, mais réel et sans aucun doute compréhensible et contrôlable.

Certains des élèves commencèrent à manifester des comportements décrits dans les religions et cultes extrêmes : agitation, cris et autres dont on parle au sujet du vodou, au sujet des mouvements charismatiques et au sujet des apôtres los de la Pentecôte. Y compris glossolalie.

Pendant cette période j'ai changé la vie de quelques dizaines de personnes, mais pour des raisons personnelles je ne pouvais pas donner le suivi qu'il aurait fallu, en sauver plus.

J'ai décidé de ne m'occuper que des quelques élèves 'avancés' et d'éviter de créer un culte. Le rôle de gourou ne me plaisait pas du tout. Le 'gourou' n'est pas libre, il doit jouer le rôle qu'on attend de lui ; 'est-ce qu'il faut être végétarien ?....

J'ai écrit deux livres, le second était plus important pour moi, mais il ne se vendit pas.

Je me mis à un emploi normal ; il faut payer les factures et manger.

Mais j'ai poursuivi mes expériences et mes méditations sur tous ces thèmes, aidé en cela par Gilles Tremblay en particulier. J'ai écrit des petits textes de temps à autre, destinés aux quelques personnes qui me suivaient encore, Anne Falcimaigne entre autres, Peggy Pashaian ; Suzanne Vimbor ; Claudine Laliberté, Veron...

Il ne fait aucun doute que j'ai changé la vie de certaines personnes. Elles m'ont fait confiance et ont travaillé avec moi quelques semaines ou quelques années, et leur vie en a été totalement changée, pour un bien.

Mais je n'avançais pas côté étendue de mes méditations et compréhension du monde matériel et du reste de l'expérience humaine.

Jusqu'à ce que passe la Comète Hale-Bopp en Avril 97 et que décède mon épouse.

Cet évènement a changé mon univers totalement et m'a déstabilisé. Cette déstabilisation a poussé mon système nerveux à creuser plus puissamment, non pas pour chercher une raison à la vie ou quoi que ce soit psychologiquement compréhensible, mais automatiquement. Je décris comment notre système nerveux passe d'un niveau de conscience aux autres pour résoudre ses problèmes... là je ne cherchais rien mais mon système nerveux ne m'obéissait pas, il abaissait mes défenses sans me demander mon avis.

C'était comme si il y avait un trou, un vide dans ma personne.

Ainsi ai-je commencé à me lier d'amitié par correspondance avec une Mexicaine un peu secouée elle aussi – son fiancé l'abandonnait alors qu'elle préparait tout pour la noce – puis je me suis laissé aller à écrire une série de lettres pour décrire l'univers. J'ai écrit pendant six jours et il en est sorti un livre, le premier en trente ans. Le livre a été publié sous le titre Ode à Odilia.

En six jours il a été écrit, en six jours il a décrit l'univers tout entier, depuis le matériel jusqu'à l'immatériel. Le septième jour je me suis reposé...

Et ayant recommencé à écrire, j'ai décidé que je ne ferais rien d'autre et que je n'allais pas pratiquer la Médecine, profession vers laquelle j'avais été orienté depuis mon jeune âge, mais profession qui ne m'attirait pas vraiment.

Quand Yoga des Sphères a été publié, j'ai dit à l'éditeur que plus tard j'allais revoir les divers thèmes soulevés dans le texte, et créer ainsi une série de livres, un livre par thème.

Maintenant, trente ans plus tard je me mis à le faire. Six livres.

Les sujets y étaient plus creusés, mis à jour quelque peu, mais pas à ma satisfaction. Je me rendais compte qu'ils étaient pleins de trous. Mais j'avais besoin qu'ils soient écrits, j'avais besoin de faire l'effort et de voir quelque chose de concret dans ce cheminement vers plus de connaissances.

Rien ne s'est vendu, mais c'était sans importance.

J'ai ensuite traité divers thèmes qui m'ont paru importants sur le moment mais sans rapports vraiment avec l'univers et l'autre monde, l'homme et son âme s'il en a...

J'ai fait un petit texte où j'ai décrit la statue de Çiva.

L'interprétation actuelle de ce symbole, aux Indes, ne correspond pas au but de son auteur.

La statue a été faite pour une religions qui a disparu depuis, et ce symbole a été récupéré par une autre religion. La statue a été faite par un adorateur de Çiva, dieu principal, et reprise, rabaissée par des fidèles

Crichna ou Vichnou. Un peu comme les dieux de l'antiquité ont été rétrogradés par les monothéismes.

J'ai aussi écrit sur les Hommes de l'Afrique pour établir certaines vérités quant au rapport entre les diverses races de la région ; et donc rapport avec les religions méditerranéennes.

Ne pas oublier l'étude de la formation du gnathostome, notre ancêtre à tous, étude qui démontre que nous avons deux familles ancestrales, que nous sommes de métis de poisson primaires et d'insectes.

Toutes ces études sans rapports entre elles s'intègrent parfaitement dans la description du monde, d'une part du monde matériel avec Kein Stein, et du reste de notre univers avec ce livre-ci.

Tout ceci, tout mon CV semble indiquer que j'ai été dirigé.

Mais ça ne fait pas de moi un prophète, je ne prophétise rien du tout ; je révèle et je décris, mais je ne dis pas où nous allons, ni ce que nous devrions faire, ni ce qui nous attend dans l'histoire du monde matériel, ni même précisément dans notre histoire personnelle.

D'ailleurs : qu'en sais-je ?

Il faut cultiver notre jardin (Candide)

Que sais-je ? (Montaigne)

Et pour blaguer un peu :

Dieu n'est pas   signé Hawking   (13 Mars 2018)

       Hawking est   signé Dieu   (15 Mars 2018)

24. Corpus Anima Spiritus.

Pour expliquer le plus clairement possible les phénomènes dont nous parlons, il faudrait entrer dans bien des détails ou bien des films. Nous allons faire comme si la majorité des lecteurs allait accepter les images. Les détails, les explications, les justifications et les démonstrations viendront plus tard, pas forcément de la main de cet auteur.

Et moi qui croyais en avoir fini avec cette série de textes.

Avant d'aller plus loin j'introduis une parenthèse additionnelle sur ce qui m'est arrivé la nuit dernière.

Je pense qu'il faille le décrire parce que c'est peut-être un avertissement que non seulement le temps d'écrire est en train de s'achever pour moi, mais peut-être aussi le temps d'être.

A quatre heures du matin un rêve intense m'a réveillé. Je ne crois pas qu'il était prémonitoire, mais c'était quand même, je crois, un avis, un avertissement de l'autre monde ou de mon corps. C'était, j'en suis sûr, un message, un songe qu'il fallait analyser.

Et je vis clairement, comme si elle était présente, je vis ma sœur Nicole qui me disait de me réveiller, et ce avec conviction, énergie, m'appelant par mon prénom.

Murió hace algunos veinte años.

Je me suis réveillé !

Comme c'était, sans doute aucun, un message de l'au-delà, j'ai essayé de le comprendre, de trouver son sens profond.

Docteur Bruno P. H. Leclercq

Etait-ce une façon de me faire savoir que mon temps s'achevait ?

Si c'était le cas, j'allais mourir ce jour même, sinon deux jours plus tard.

Mais je n'avais pas l'impression que c'était ça. C'était possible, et possible aussi que je me le cachais, me dis-je.

Une autre interprétation serait que quelque chose n'allait pas bien dans mon cerveau, dans mon corps, un petit caillot se préparait à me faire perdre conscience ou paralyser, ou en finir à moins que je me réveille et fasse quelque chose qui permettrait à mon corps de s'en sortir.

Je me suis souvenu que j'avais pensé à boire un verre d'eau juste avant de me coucher, une idée qui m'était passée par la tête et que j'avais laissée sans suite, volontairement. Et je me suis rendu compte que je n'avais pas autant bu ce jour-là qu'à l'accoutumé... je n'avais pas pensé que cette sécheresse relative était un problème.

Par ailleurs, il est aussi possible que j'avais pensé à boire parce que mon espion interne savait que la nuit pouvait être dangereuse.

Donc, pensai-je, il est possible que l'intervention de ma sœur était pour me dire de réagir à un danger imminent, dire de boire un peu d'eau et de prendre un cachet d'aspirine, la pastille quotidienne.

Je me suis levé, j'ai bu et j'ai avalé le comprimé.

De toute évidence, la nuit s'acheva sans problèmes, mais seul l'avenir dira si c'était pour me dire de mettre mes affaires en ordre dès à présent.

J'ai fait une analyse mentale pour faire la liste de ce que je dois arranger pour éviter que tout se change en catastrophe.

Il y en a trop. Conclusion, ça ne vaut pas la peine de m'y mettre. Je dois me limiter à écrire les derniers progrès de mes analyses et ensuite faire tous les efforts possibles pour que soient connus le modèle B et sa suite, ce livre.

Hawking. l'homme, l'âme

Rien d'autre !

Revenons au texte.

Donc, contrairement à ce que j'avais cru, je n'en avais pas tout à fait fini avec ce texte. J'allais reposer la plume...

Quand, pour je ne sais quelle raison je me suis mis à penser – on dit «une voix intérieure s'est fait entendre – qui disait et répétait : **Corpus Anima Spiritus** .»

Et je me suis mis à y penser. Je ne sais plus quoi au juste, mais finalement j'ai demandé à l'internet de me renseigner sur cette expression.

C'est Saint Augustin qui l'aurait dite en premier. La description, selon lui, de l'homme.

On attribue à Saint-Augustin plusieurs lignes mémorables.

Il aurait dit :'Seigneur donne-moi la chasteté et la continence, mais pas tout de suite'.

Saint Augustin est un philosophe du Bassin méditerranéen, un Maure par son père, d'où le bronzage cutané qu'on lui attribue. C'est un M2 dans notre classification des concentrations en mélanine, comme sont M2 les Hébreux, les Italiens, les Arabes.

Rien à voir avec les peuples subsahariens. *(lire les Hommes de l'Afrique, même auteur)*

Dans un domaine nettement plus sérieux c'est Saint Augustin qui aurait défini l'être humain par l'expression :

Corpus, Anima, Spiritus.

Bien entendu cette définition de l'homme a été discutée, rejetée, annotée par bien des philosophes et théologiens, mais nous la trouvons tout à fait à notre goût car elle permet de résumer et de situer ce que nous disons.

Corpus, c'est le corps matériel

Anima c'est le concept d'âme

Spiritus c'est l'activité vitale des organes et du système nerveux

Ce concept se trouve dans de nombreuses descriptions mystiques, mais la science ne voit rien qui lui corresponde.

C'est une question que je me suis posée assez souvent : pourquoi croire en une âme ?

Tout ce que nous observons peut être expliqué par la physique, la physiologie et la psychologie.

Donc, pas la peine de perdre du temps avec ça.

Mais en écrivant ce texte et en en découvrant les replis cachés, je trouve les trois mots fort pratiques pour que le lecteur me suive.

Lorsque meurt l'individu, l'activité physiologique et donc l'activité psychologique disparaissent à jamais.

C'est le **Spiritus** qui part en premier.

Le lecteur peut pinailler, je simplifie.

Reste le corps, le **corpus**... en général il finit par disparaitre progressivement – certains os sont découverts après des millénaires...

Et **l'anima** ?

L'anima c'est autre chose, ce n'est pas le névrome.

Dans Kein Stein j'ai appelé névrome l'activité du système nerveux, les idées etc.... j'ai fait la même chose au début de ce livre.

Il faudrait, il faudra d'autres textes ; les écrirai-je ?

Mais cette activité, toute l'activité vitale

C'est le **Spiritus**.

Nous décrivons que pendant la formation des formes de vie, pendant l'évolution, divers névromes se sont formés, des activités et des plis, des accumulations de manques et des vibrations correspondantes.

Ces névromes sont en arrière-plan et n'agissent pas avec autant d'autorité que le névrome le plus superficiel, dans le cas de l'homme le névrome hérité du ver n'agit pas, probablement pas sur des muscles ou des glandes…. Mais je n'en suis pas tout à fait sûr encore.

Nous le considérons comme une zone détectant un registre de vibrations spécifique : il résonne aux vibrations qui ont sa fréquence.

Tout le monde peut concevoir et accepter ces concepts car tout le monde change les canaux des téléviseurs, tout le monde se sert de téléphones portables…

Ces vibrations viennent de partout, du corpus de l'individu, du milieu où il se trouve, mais aussi des autres êtres vivants et de Mu.

Certaines de ces vibrations, certains de ces messages que chacun de nous perçoit et transmet proviennent du névrome proprement dit, mais il y en a qui proviennent de Mu.

Il faudra une analyse détaillée et des expériences spécifiques pour distinguer les signaux qui viennent directement du Spiritus et ceux qui viennent de l'univers en général, à commencer par les autres humains qui nous entourent.

Ce processus est ce qui explique et permet la télépathie, la guérison thaumaturgique.

Il explique aussi les affinités psychologiques.

Docteur Bruno P. H. Leclercq

Un chercheur, j'ai perdu son nom, vient de publier un article où il démontre que les gens qui forment des associations ont tout un tas de préférences en commun. Qui se ressemble s'assemble.

Ils ne choisissent pas de s'assembler, ils sont proches au départ, probablement, mais petit à petit les ondes les plus fortes de l'un d'entre eux ou de plusieurs impose une unification de tous les membres.

Individuellement nous avons donc intérêt à chercher un groupe sain ou un individu sain.

Nous devons insister sur ce point.

Nous savons que l'hypnose est facile, mais ce que nous observons dans les conversions à des sectes et religions extrêmes indique qu'il y a plus que se changer cinq minutes en poulet.

Tout semble indiquer qu'il y a dans l'homme une case prête à recevoir Dieu, le guide suprême. Les animaux grégaires cherchent à remplir la case 'Alpha'. Ce serait la même chose ?

C'est une case solide et dès qu'elle est remplie elle dirige le comportement de l'individu.

Tout le monde n'est pas endoctrinable – ce n'est pas une endoctrinement c'est une enrégimentation – pratiquement irréversible. Mais on voit l'effet de la présentation de l'Islam qui pousse de braves gens à devenir des assassins, présentation du Mormonisme malgré l'absurdité de son enseignement, etc...

Peut-on y faire quelque chose ? Probable.

Au début de ce texte nous les avons appelé 'corpus', mais l'introduction des mots de Saint-Augustin crée une confusion.

Donnons la priorité à Saint Augustin et utilisons un autre mot pour décrire les plans de conscience, les traces des ancêtres.

Les traces des névromes ancestraux nous les appellerons **Mois.**

Pour éviter les malentendus que ça pourrait entrainer, nous en ferons un mot masculin, ce qui simplifie la grammaire.

Moi

C'est l'ensemble de Mois qui est, sans aucun doute derrière les prémonitions.

Un Moi par niveau palier d'évolution.

Le névrome d'un ver de terre a moins de Mois que le névrome de l'humain.

Ils sont reproduits et apparaissent l'un après l'autre pendant les phases embryonnaires.

Ils n'ont aucune raison de disparaitre ; ils ne gênent pas la formation les uns des autres. Ils sont formés chacun à son tour et ils restent là, indétectés par le pathologue, par l'anatomiste, par le physiologue.

Donc un Moi pour la cellule fécondée, un Moi pour le premier tissu, et ainsi de suite pour l'hydre, le ver, l'arthropode et le gnathostome qui nous appelons Bertébrel, l'homme.

Contrairement aux composants du névrome, les Mois n'ont pas d'activité propres, elles transmettent de l'esprit à l'univers et de l'univers à l'esprit.

Ce sont des filtres qui sont utilisés dans la méditation, dans la pensée investigatrice : dans la méditation, on utilise les Mois qui filtrent chacun à sa façon. On devient ainsi conscient du problème dans des présentations d'autant plus schématiques que le Moi utilisé est le plus primitif.

Lors du décès il n'y a plus d'activité dans ces couches, mais elles restent présentes car il n'y a rien de spécial pour les biffer. Petit à petit, rencontrant le monde matériel, elles perdent des éléments et finissent pratiquement toutes par disparaitre ; mais en attendant elles forment un masse dans le RET, une masse indépendante qui peut être perçue comme telle par les visionnaires, d'où le concept d'âme, **d'animus**.

Une masse c'est-à-dire un groupement de manques... mais ne pas nous lancer ici dans cette description.

La densité de ces masses est insuffisante pour affecter clairement, nettement la matière, mais suffisante pour se maintenir et avoir un effet sur les diverses sortes d'ondes qui circulent dans l'univers.

Nous avons dit que dans le cas d'intervention par un guérisseur l'état, la forme des Mois du malade était communiqué au-delà de l'orée de cet individu, communiqué par Mu et qu'après correction dans le névrome du guérisseur, elle rétablissait l'équilibre dans le malade.

Même explication pour la télépathie.

Le message corrigé par le guérisseur change la forme du névrome de son malade, et cette forme corrige des phénomènes physiologiques ou psychologiques. Elle passe donc d'un aspect immatériel à un aspect matériel.

Nous sommes donc en présence de toutes sortes d'échanges entre le matériel, l'immatériel, le propre et l'autrui.

Le névrome est matériel, c'est la somme des activités vitales.

C'est le **Spiritus** de Saint-Augustin.

Mais télépathie, guérison etc... montrent qu'il y a bien un '**anima**', quelque chose de distinct de notre corps matériel, distinct des activités physiques, psychologiques et physiologiques, distinct mais avec communication dans les deux sens.

Cet ensemble de Mois doit être vu comme un corps immatériel.

Hawking. l'homme, l'âme

C'est immatériel, mais pas inexistant.

Au moment du décès, il se maintient même quand on procède à l'incinération - là il perd bien quelques plumes – et ne disparait que, couche après couche comme le décrivent les diverses traditions occultes et religieuses.

Nous en parlons dans ce livre quand nous décrivons ce qu'enseignent les Apôtres.

Donc, pour le modèle B comme pour la foi générale et pour bien des philosophies, il y a bien une **âme**.

Cet ensemble de Mois est l'âme des religions, l'âme à laquelle croit une bonne partie des gens. N'y croient pas ceux qui pensent ; ceux qui savent tout, les scientifiques de l'académie…

Ceux qui pensent, ils sont comme je l'étais avant cette étude, ils se demandent pourquoi croire en une âme alors qu'on ne lui voit aucune fonction et alors qu'on a aucune preuve concrète qu'elle existe.

Le fait que la Science ne le reconnaisse pas ne prouve rien, une fois de plus.

Au début de ma vie je pensais, comme les savants, les scientifiques qu'il n'y avait rien qui ne soit matériel. Des signaux occultes, invisibles sans doute, mais également sans doute des signaux matériels. Nous ne percevons pas les signaux du cellulaire, mais avant l'invention de ce détecteur de tels signaux existaient déjà, sans aucun doute. Et pour moi, comme pour la science, le fait que nous ne sachions pas comment détecter quelque chose ne veut pas dire que ce n'est pas là, que ce n'est pas réel, que ce n'est pas.

Et pourtant, avec de plus en plus de preuves qu'il y a autre chose que le matériel : télépathie, guérison, clairvoyance, etc… il m'a semblé plus possible qu'il existe un monde immatériel qui communiquait de façon miraculeuse.

Le doute entrait dans mon esprit : il se pourrait que tout ne soit pas de type mécaniste...

Mais maintenant, avec ce que je viens de comprendre sur les Mois et leur quasi-matérialité je reviens à ma foi première : de l'immatériel il n'y en a pas ; mais il y a du **'peu matériel'**.

Cette âme est formée de six ou sept Mois apparues pendant l'évolution et recréées durant l'évolution humaine, depuis la cellule fécondée jusqu'à l'individu complet.

Le nombre exact dépend de ce qu'on inclue dans la liste.

On en voit une image concrète dans la Boule BQ.

Certaines traditions occultes reconnaissent la pluralité des Mois et l'évolution progressive de l'individu à partir de son décès. C'est le cas en particulier du Bouddhisme Tibétain.

Personne encore n'a décrit leur origine évolutionnaire de sorte qu'il était facile pour les savants modernes de se rire du concept d'âme.

La récréation est finie !

Fini de rire !

25. L'âme

La remarque que je viens de faire : **immatériel mais pas inexistant** attire mon attention sur plus de connaissance, plus de clarté.

Je dois donc écrire un peu plus, je ne peux pas terminer avant de creuser cette mine.

D'abord un rien de vocabulaire. Au cours des textes j'ai utilisé des mots qui correspondaient à ma compréhension du moment mais il faut parfois en mettre de nouveaux. Dans Kein Stein j'ai parlé de Névrome et névraise, je voyais ça comme la pensée en général.

Mais nous venons de creuser la notion des Mois. L'ensemble des Mois d'un individu ne sont pas son névrome, l'ensemble des Mois n'a pas nécessairement la moindre activité, la moindre pensée propre. Ils sont activés par le névrome et activés par les pressions externes, mais rien d'indépendant. Ce sont des liens, des systèmes de transmission, des interfaces et des filtres.

Le névrome change sans arrêt, changements d'origines externes et internes : pensées, digestion...

Mais dans la mort, silence absolu du névrome et par suite immobilisation permanente des Mois dans l'état où ils se trouvaient juste avant ce silence.

Dans la mort, les Mois, l'âme sont à peu près figés.

Ses Mois restent là, plus ou moins longtemps, mais il n'y a plus la moindre pensée, la moindre activité de quoi que ce soit de vivant.

Ils sont sans vie, mais en contact toutefois avec le voisinage ; ils sont affectés par les ondes qui traversent l'orée – orée qui, bien sûr, n'a pas disparu. De ce côté tout continue comme avant, mécanisme qui permettait la communication entre l'extérieur et l'intérieur.

Nous pouvons nous servir du mot **âme**, mot qui, hélas, est associé à toutes sortes d'idées, de croyances. Peut-être devrions-nous changer l'orthographe pour bien souligner le sens limité que nous lui attribuons.

L'important c'est que le lecteur sache que notre âme est distincte des sens communs.

Nous parlons d'un 'récipient' pas de son contenu.

Il sera toujours temps de changer et de créer un nouveau mot, si nécessaire.

Nous avons dit **immatériel mais pas inconsistant** et dans cette phrase apparait un nouveau concept qui change absolument la connaissance que nous avons de l'être humain, et en fait de tout ce qui vit.

Nous pensons et nous avons dit que tous les animaux forment des couches, des Mois, sauf bien entendu l'unicellulaire qui n'a que ça et qu'on ne peut donc nommer de cette façon. Encore que, qui sait, il reste peut être un Moi de lui aussi lorsque sa vie s'achève.

Nous laissons ici un peu de travail aux chercheurs qui attaqueront ce domaine nouveau.

Combien d'emplois sommes-nous en train de créer ?

On se penchera sur ce domaine ? sans aucun doute, parce que c'est quelque chose de relativement concret et donc accessible aux recherches matérielles, à la logique et à l'expérimentation.

Dans ce texte nous avons établi assez solidement la notion de Mois et la notion de l'ensemble de Mois, du jeu de Mois que nous appelons âme. Cet ensemble a une fonction avons-nous dit, il sert de lien, d'interface entre le monde matériel et l'immatériel, il permet la clairvoyance, la guérison thaumaturgique, la télépathie etc...

Toutes transformations de messages émis par d'autres âmes ou par les ondes de la création. Les deux types de signaux passent nécessairement par Mu.

Nous pensons que nous avons supporté assez solidement l'existence des phénomènes parapsychologiques : guérison, clairvoyance, télépathie pour que le chercheur éventuel ne se sente pas ridicule d'y croire et d'expérimenter quand le territoire est encore vierge.

Les messages en Mu, qu'ils proviennent directement de la Mère ou qu'ils proviennent d'êtres vivants, messages entre le guérisseur et le malade par exemple, tous ces messages sont captés par l'âme du guérisseur ou voyant ou prophète, et transformés en messages matériels, en activités de cellules nerveuses.

Or, la matière ne réagit certainement pas directement à ce qui n'est pas matériel et pourtant elle réagit aux messages qui lui parviennent par l'âme.

Et l'âme, qu'est-ce que c'est ? c'est une formation créée pendant le développement embryonnaire, c'est donc une formation faite au moins de manques, une formation quasi matérielle :: immatérielle, mais pas inconsistante.
Elle est faite comme l'est la matière, mais avec une densité si faible qu'elle n'a que peu d'effet sur la matière.

Nous disons qu'en pratique chaque niveau de l'âme, chaque Moi a sa densité propre, mais n'allons pas nous perdre dans les détails pour le moment.

Notre conclusion donc, c'est que l'âme est quasi matérielle ; c'est pourquoi les messages de tous les phénomènes vitaux peuvent y être représentés, et pourquoi tout ce qui agite les Mois peut participer à la formation d'une pensée ou d'une sensation physique.

Il va falloir dire un mot sur la pensée, sujet fort mal décrit par la science. J'ai une licence en psychologie, si on savait vraiment tout sur la pensée, on me l'aurait enseigné et il n'y aurait pas tant de psychologues dans les centres de méditations, achrams etc...

Mais avant de toucher cet autre sujet, le décodage final du message transmis par l'âme, voyons le cheminement total du message du malade au guérisseur et de l'intervention de celui-ci.

Et la Case 'Dieu' ?

Je suppose qu'il y en a une en moi aussi ; mais je ne la sens pas et il semble que je ne sois pas le seul. Ce manque est-il signe d'une autre altération ?

Les athées sont-ils des altérés ; des gens à qui il manque quelque chose ; un autre programme d'humain normal ?

Et même s'il y a un Dieu maitre de cette case, nous ne savons toujours pas s'il vit et s'il pense.

La tension, la vrille, vriti correspondant à la région qui souffre est captée par l'âme.

Retournons au contenu de l'ICI, de l'Univers.

Impossible de terminer. Il faut que j'écrive quelques pages de plus ; trop peu pour un livre ; mais trop important pour le laisser rien qu'imaginé .

Allons-y.

24 Mai 2018

Je viens d'apprendre qu'Hawking commençait à penser que le temps n'existait pas avant la création ... une autre petite faille

Voyons à améliorer l'expression de quelques concepts :

ICI, L'UNIVERS,,,

Hawking. l'homme, l'âme

Nous avons vu que l'énergie qui pénètre en RET progresse à une certaine vitesse ; la formation de matière n'est pas instantanée, elle dépend des caractéristiques du support, du RET, soit, sans doute, la vitesse de la lumière.

Scifa décrit le phénomène.

Selon le Modèle B, l'onde énergétique cause la formation de manques et de photons, les quantums, et , comme nous l'avons dit, il est à peu près certain qu'il y a autant de quantums que de manques.

Les quantums immobilisés dans la matière nous informent sur la quantité de manques qui leur correspondent, immobilisés eux aussi dans les noyaux et dans les électrons.

Et nous observons qu'il y a une énorme quantité de photons circulant librement dans l'espace. Il doit donc y avoir la même quantité de manques libres eux aussi, disséminés dans l'espace.

Nous savons, le modèle B affirme que les manques sont la cause de l'attraction universelle ; et qu'il y en a une grande quantité libres dans l'espace ... je vous laisse faire le compte.

Donc une flopée de points suceurs dans l'espace , libres, isolés – des culs-de-poule pour parler en termes de voirie.

Ne vont-ils pas altérer la trajectoire des photons libres ?

Ne vont-ils pas donner l'impression qu'il y a, dans l'espace, quelque chose qui fait penser à de la matière informe ?

Ça y est ! vous avez tout compris ! les manques libres sont la raison pour laquelle les astrophysiciens détectent, concluent à l'existence d'une matière noire, d'une matière invisible... appelez-la comme vous voulez.

Ce qui nous mène à une meilleure description de l'espace.

Le modèle B reconnait à l'espace trois états distincts :

-La matière dans laquelle photons et manques sont groupés en organisations denses, dans les masses de matière

- Les Mois dans lesquels manques et photons sont organisés faiblement

-L'espace interstellaire où les manques, apparemment ne forment aucune structure.

Ce que nous appelons Espace est l'intérieur de l'ICI ;

Ce n'est pas l'AILLEURS.

Retournons à la notion de Mois.

Chaque objet a des limites ; quelque chose qui l'isole du reste. Nous pouvons voir ça comme une peau.

Le mot Peau est pratique et bien clair quand nous parlons d'organismes vivants. La peau est une frontière, il y a un dedans et un dehors ; il y a un Moi et toutes sortes de non-moi.

Dans la formation de l'embryon, en son premier stage, le stage de l'ovule fécondé ; il y a déjà un dedans et un dehors ; fonctionnellement il y a une peau. Il y a un programme 'peau', programme qui cherche à toucher le non-moi.

La plupart des psychologues utilise quelque chose comme le 'Je' ; nous préférons la forme de Français : je suis MOI. C'est donc le terme que nous choisissons pour toutes les langues.

La peau entoure le Moi, elle en fait partie ; c'est sa limite extérieure.

Quand cette première cellule se multiplie et forme le premier groupe de cellules, puis le premier tissu, ce tissu est un Moi et il a sa peau.

Mais ce Moi et le programme de cette peau ne suppriment pas l'existence de cellule isolées ni l'existence de la volonté des cellules isolées d'avoir leur propre peau et donc un programme qui l'exprime.

Hawking. l'homme, l'âme

Il y a donc, dans ce tissu élémentaire,

- un Moi premier et sa volonté de reconnaitre ce qui est extérieur

- et un Moi second avec le même type de volonté.
Le premier, maintenant doit chercher l'extérieur bien loin de ce qu'il était, il doit s'étirer et perd sa solidité matérielle.

C'est pour conserver à la fois sa volonté de protéger l'intérieur et sa volonté d'aller là où apparait le non-moi que ce programme perd sa matérialité.

Dans la créature qui existe maintenant, le tissu, coexistent deux frontières, le rêve de peau de l'unicellulaire et la peau du tissu.

Ce rêve de peau c'est ce que nous appelons le Moi de l'unicellulaire.

Quand ensuite, étape d'évolution suivante ; disons l'hydre, le même jeu de phénomènes se déroule.

D'une part programmation d'une peau de l'hydre ; d'autre part dilution, éphémérisation du programme 'peau du tissu' qui s'ajoute au programme dilué de la cellule unique.

Nous avons donc maintenant la peau de l'hydre, et en parallèle, le Moi du tissu et le Moi de l'unicellulaire.

Ces mois occupent le même volume que l'hydre puisqu'ils vont jusqu'à la peau de l'hydre, l'endroit où le non-moi est perçu.

Chacun des Mois garde les propriétés de la créature où il est apparu en premier. Le Moi de l'unicellulaire vient d'un monde où le lien avec l'extérieur était simple : ça se mange ou non ?

Donc ce mois filtrera les ondes qui le touchent pour n'en faire que des messages binaires... on peut dire que chaque moi filtre un ensemble de fréquences, ou coupe l'information en morceaux plus ou moins grands en pixels plus ou moins nombreux.

les pixels de l'unicellulaire, du Moi le plus archaïque n'auront que deux valeurs.

D'une étape évolutionnaire à la suivante, le nombre et la complexité des Mois augmente.

Le jeu de Mois, l'ensemble des Mois est **l'Ame**.

Elle joue un rôle d'intermédiaire, elle relie consciemment ou non, les humains entre eux, comme individus ou comme groupes. Elle relie chacun à l'Univers.

L'âme est une interface.

Retournons à la case départ.

Un peu de bavardage :

Un jour, j'ai observé une fourmi qui, sans doute, s'était égarée et se trouvait maintenant dans le territoire d'une autre race. Les propriétaires vinrent immédiatement l'encercler et l'attraper. Ça n'avait pas l'air d'une bataille : elles lui avaient attrapé les pattes et rien ne bougeait. L'égaré ne cherchait même pas à se libérer mais j'avais l'impression que quelque chose se passait... pourquoi ne cherchait-elle pas à fuir, à se libérer ?

Soudain je perçus une sorte d'éclair vers le haut : j'ai su que la prisonnière était morte : et effectivement, immédiatement après, les fourmis s'éloignèrent dans toutes les directions, emportant chacune un morceau de la victime, une patte par exemple :

Je conclus que j'avais perçu que quelque chose avait été libéré ; quelque chose de plus léger que le corps de la fourmi ; ce quelque chose ne pouvait être que sa Vie ; quelque Moi spécial, le facteur, le vecteur qui fait la différence entre la vie et la mort :

On dit que l'âme du cher disparu flotte au-dessus du cadavre. Nombreux sont ceux qui disent l'avoir vu et c'est ce qu'enseignent plusieurs traditions : les Egyptiens de l'antiquité représentaient l'âme, Ba, volant au-dessus de la momie.

Mon observation personnelle c'est que l'âme du défunt peut être perçue, plus haut que le corps et dans certaines occasions que je décrirai sans doute quelque jour, peut être observée plus haut que les images le représentant.

C'est peut-être le cas, ou peut-être un effet de mon imagination, une imagination partagée au-delà des siècles et des cultures.

Ceci correspond assez bien avec l'idée que je me fais au sujet des Mois ; représentations des diverses couches de la personne ; représentation avec une densité plus faible que le corps et pour cette raison, moins affectée par l'attraction terrestre.

Moins affectée, mais affectée quand même.

Les Mois ne pèsent pas autant que le corps, mais ils ont un poids car ils sont un réseau de manques.

Ils ne sont pas assez dense pour être qualifiés de 'matière', mais ils sont assez dense pour créer un tout stable.

Après le décès, ils sont une 'masse', une crispation du RET ; comme ils l'étaient durant la vie. Ils n'ont pas changé, sauf que maintenant ils sont pratiquement indépendants du corps. Ils composent un tout cohérent ; une représentation des diverses couches de l'individu, quelque chose quelque peu indépendant du corps, quelque chose de structuré et représentatif :

Comme ils forment un tout, une unité, une structure dans le RET, ils sont nécessairement des organisations fixes, des distributions spatiales de manques stables.

Organisations de faible densité, mais ayant une densité plus faible que l'espace occupé par le corps. C'est la raison pour laquelle ils peuvent devenir **détectables**.

Nous pouvons pousser ces notions un peu plus loin encore.

Si l'individu décède paisiblement, ses Mois ne contiennent ni terreur ni fureur : nous pensons que ces vritis puissants, lorsqu'ils sont là, gonflent l'âme, ou, plus précisément, se collent à l'âme. Ce qui la rend plus observable :

On raconte que dans les abattoirs, souvent, et surtout quand le processus est accompagné de violence et de rage des bouchers, les animaux sont particulièrement hostiles, réticents et effrayés :

Cet état pourrait permettre de détecter plus facilement les âmes de ces créatures ; et quand on saura le faire, on pourra utiliser la perception de ces états pour nous assurer que l'abattage est fait dans une ambiance de paix spirituelle.

De nombreuses traditions exigent des prières et des rites lors du sacrifice.

Nous pourrions, bien entendu, chercher à éliminer l'abattage, mais nous pouvons aussi nous remémorer que dans la nature de nombreux animaux sont tués par des prédateurs et que beaucoup meurent dans des accidents. La fin brutale est l'une des normes : sinon ils meurent de maladie, de faim, de soif ou de vieillesse. Ce n'est pas tellement mieux. Pour eux comme pour nous, la fin est universelle.

Nous observons sur l'internet des scènes de chasse dans la nature et nous en tirons l'impression qu'après que la proie ait lutté de toutes ses forces, vient un moment où elle se relaxe, passe dans un autre niveau de conscience , quelque chose de plus profond. Elle trouve la paix … méditation automatique ?

C'est comme si elles abandonnent la lutte et se permettent de monter au ciel : Tous ceci justifie **l'Onction des Malades** du catholicisme.

C'est un domaine où la science pourrait aider les rites, en expliquant et en confirmant leur valeur.

26. Taimni,

Taimni a écrit et commenté les aphorismes de Patanjali.

Je voudrais établir le lien qui existe entre l'hindouisme, Patanjali et le modèle B en ce qui concerne les niveaux de méditation et la notion d'âme qui est la nôtre.

Dans l'expérience ordinaire et dans les méditations superficielles, lorsqu'on pense à la rose, tout est confondu : Il y a d'un côté l'expérience verbale, les mots que nous utilisons pour décrire la rose. Par ailleurs, il y a les caractères concrets de la rose, formes, couleurs, parfums, piqure ; toutes les expériences physique que nous y associons et enfin l'essence de la rose, c'est-à-dire ce qui fait qu'on reconnaît ce qui distingue la rose, sa nature pourrait-on dire.

En passant de l'expérience relativement superficielle dite Sarvitarka on arrive finalement à l'expérience profonde de Nirbijah samadhi.

Lors de l'expérience éveillée normale et même lors de l'expérience première de la méditation, ces trois 'plans' de connaissance de la rose sont liés :

Les divers plans de méditation sont les Mois, Mois qui ont des origines évolutionnaires distinctes.

Dans sa description, le samadhi, est passablement superficiel au début. C'est l'expérience du gnathostome ou de l'insecte ou du poisson primitif, soit un Moi dont l'origine sont des animaux au système nerveux complexes et par suite un samadhi qui ne permet pas de séparer les groupes d'information.

Si au contraire nous y pensons dans l'autre sens, commençant par le niveau le plus avancé, le plus profond, nous sommes dans un Moi qui provient de quelque animal plus avancé que la cellule unique, plus avancé que le tissu, mais incapable de réagir.

Dans le tissu supérieur à 'ça se mange ou pas' il y a de l'information sur le voisin, sur un 'je' distinct du 'non-je' :

C'est déjà beaucoup d'information mais pas tellement ; l'information portée par le son, par la parole ainsi que celles provenant des sensations physiques – toucher, vue – ne sont pas perçues et par suite ne leur sont pas mélangées :

C'est la raison pour laquelle c'est nirbijah, expérience pure : la sélection est faite automatiquement, simplement parce que ce Moi est très simple.

Avec l'hydre commence le mouvement, l'animal réagit aux odeurs, aux couleurs et au toucher. Samadhi moins profond. Pour en arriver finalement à un plan où le son et donc les signaux sonores participent à l'expérience du moment.

C'est le Moi le plus superficiel ; juste en-dessous du névrome où ont lieu le rêve et la pensée.

Tout ceci devra être étudié et décrit comme il faut. Nous sautons pour en finir avec ce texte.

27. Densité en manques
DMR– demeure

J'ai cru, en diverses occasion que ce texte était prêt pour l'impression et je me rends compte une fois de plus qu'il faut éclaircir au moins un point supplémentaire. Il faut m'y atteler dès à présent sans attendre que je me lance dans une autre série de textes – entreprise que je dois éviter … j'en ai parlé au début ; contraintes biologiques.

Revenons au contenu de l'ICI ; revenons-en à l'Univers.

Une révision de plus :

Nous avons vu que l'énergie qui entre dans le RET avance à une certaine vitesse ; la formation de matière n'est pas instantanée ; elle dépend de la façon dont l'énergie s'étend dans le champ du RET, dépend donc de la vitesse de la lumière.

La Scifa décrit le phénomène sans le comprendre.

Selon le modèle B, l'onde énergétique cause la formation simultanée de manques et de photons ; nous ne voyons aucune raison – nous l'avons dit – de penser que manques et photons ne sont pas apparus en quantités égales.

Les photons captés dans la matière nous informent que dans cette même matière des manques sont immobilisés en quantités équivalentes dans les noyaux et dans les électrons.

On se souvient que les électrons ont une masse, ce qui veut dire qu'ils contiennent des manques – simple rappel.

Il y a une quantité considérable de photons libres dans l'espace, et par conséquent, dans ce même espace il y a un nombre considérable de manques indépendants.

Ces manques altèrent l'uniformité de la tension du RET sans être directement associés à de la matière.

Ces manques sont, sans doute aucun, les responsables de la 'matière noire'. L'espace, le continuum décrit par Einstein, est une sorte de tissu plein de toutes sortes d'irrégularités quant à sa tension.

Le modèle B distingue trois états de cet espace, de ce continuum, du RET.

- La matière dans laquelle manques et photons sont groupés, tassés dans des ensembles : les masses

- Les Mois où manques et photons sont groupés en ensembles à très faible densité

- L'espace.

L'Espace n'est pas l'AILLEURS. Dans l'AILLEURS il n'y a ni granules, ni énergie .... Rien. Rien sauf 'A' et peut-être d'autres choses ...

Nous nous répétons non par manque d'imagination ou par besoin de remplissage, mais parce que nous tenons à ceux qui ont fait de la lecture rapide il y a deux chapitres en soit quand même informés.

Dans nos textes précédents et dans Kein Stein en particulier, nous avons parlé des effets de la tension du RET, tension qui explique les phénomènes comme la gravitation, l'effet du temps qui fait qu'il semble être une dimension spatiale, tension qui change en fonction du temps qui passe.

Tout ce qui touche à la physique.

En fait, les changements de tension du RET correspondent à des altérations de la Densité en Manques du RET.

Par suite, au lieu de parler de cette tension, nous pouvons nous servir du concept de densité en manques, ce qui, dans certaines situations, donne une image plus maniable, plus pratique, plus visuelle.

Quand la densité en manques diminue, la tension du RET diminue, c'est évident.

J'allais me servir des lettre D M R pour donner un sigle facile à ce concept, mais ce groupement de lettres est déjà attribué.

Nous appellerons ce concept de densité **Demeure,** mot qui contient les mêmes consonnes.

Peu importe le sens que ce mot a en Français.

Et pour en finir

FIN

de la fin.

Et voilà que naissent dans mon champ mental des vagues qui poussent à chercher un peu plus ; mais je dois résister, sinon ce livre ne sortira jamais.

De quoi s'agit-il ?

Les robots vont disséminer notre science dans l'Univers entier, mais ils n'ont pas d'âme ; ils n'auront donc pas accès aux informations universelles.

Ça leur manquera ? est-il possible, d'une façon ou d'une autre, de leur donner cette faculté ? pourrait-on 'coller' des âmes d'animaux ou d'humains à ces machines ?

Chapitre intéressant pour l'évolution et pour les auteurs de Science Fiction….

Autre sujet : du côté des religions celui-là :

Les âmes des défunts, que leur arrive-t-il exactement ? leur reste-t-il assez d'énergie pour se maintenir longtemps ? leurs formes, leurs messages peuvent-ils être perçus par d'autres âmes, âmes d'individus vivants ?

Jusqu'à un certain point nous savons que oui.

Et leurs messages altèrent-ils l'âme des vivants ? Collant à certaines d'entre elles le bon Karma, mais aussi le mauvais ? ce qui supporterait en partie la théorie de la réincarnation et de la transmigration des âmes.

Il faut que j'arrête, il faut que j'arrête !

Malheureusement, hier 10 Juin, panne de courant et donc rien à faire que méditer, réfléchir et laisser les idées se suivre en roue libre.

Résultat : un peu plus de pensées au sujet du **demeure**, la densité en manques du RET.

L'ensemble des Mois se comporte comme un tout, nous avons là le concept d'âme.

Nous avons dit qu'une partie de la chose disparait dans les 48 heures, mais que le tout reste cohérent en presque-matière, devrions-nous dire en peumatière ?

Presque-matière, peumatière formé par la distribution de manques, le tout pratiquement indépendant du corps matériel mais maintenu en place, dans les limites du corps tant qu'il y a vie.

Il semble que durant la vie, il soit maintenu en place par ce qui disparait dans les deux jours.

Les rapports les plus fréquents sont que quelque chose s'échappe un peu, quelque chose qui se voir juste au-dessus du cadavre.

Si nous raisonnons un peu au concept de la presque matière, elle est composée par des manques de la même façon que les morceaux de matière sont définis par les noyaux des atomes qui les composent, c'est-à-dire par des manques.

Par conséquent l'âme a une densité.

Nous avons dit que cette densité est inférieure à toutes celles de la matière et comme elle n'est pas nulle, les formes qui en sont composées sont soumises à l'attraction universelle, à l'attraction terrestre dans ce cas.

Comme leur **demeure** est plus faible que celui de toute matière elles vont faire comme le font tous les corps matériels, les plus denses, les plus lourds plus près du centre de la terre, les plus légers le plus loin.

L'atmosphère est au-dessus du sol

On peut donc penser que si rien ne la retient au sol, l'âme ou ce qu'il en reste va s'éloigner du corps, s'éloigner du sol,

L'âme purifiée

VA MONTER AU CIEL .

Il semblerait donc qu'il y ait un minimum de deux étapes, deux stages ; trois même après le décès.

1. L'âme reste dans le corps mais se détache petit à petit
2. L'âme sort du corps, elle est vue planant au-dessus du corps
3. L'âme s'éloigne de plus en plus

Soit parce qu'elle change et perd des éléments, et surtout des liens, elle devient plus pure et par suite plus légère

Soit parce qu'elle se désintègre.
les traditions n'affirment pas qu'il y ait désintégration

On doit donc penser que si l'âme ne monte pas au ciel c'est parce qu'elle est encore liée à la terre

On peut spéculer que ce qui peut retenir ce sont les 'péchés' ; vrilles qui relient l'âme à des éléments matériels.

Les Hindous parlent de plusieurs paradis et du fait que selon notre comportement vivants nous montons plus ou moins haut.

Nous avons parlé de bénédictions et malédictions, fixations mentales qui collent l'âme au monde extérieur. Nous avons dit , par exemple, que les Saints ne montent pas au ciel aussi vite que les autres.

Tout ceci ouvre un nouveau champ de pensées et d'observations, nous n'irons pas plus loin ; mais il fallait le mentionner.

Et quand la terre est au-dessus du corps, dans une tombe par exemple ?

L'effet que j'ai mentionné plus tôt, l'effet des cavernes, des cathédrales, des supermarchés peut-être, cet effet est-il associé au **demeure** ?

Ces grottes miraculeuses...

Il reste de bien des choses à découvrir.

La panne est tombée juste à point !

Qu'arrivera-t-il à l'âme qui est au Ciel, au Paradis quand l'univers arrivera à sa fin ?

A ce moment-là, nous l'avons vu, tout ce qui restera encore de matière, mais aussi les photons et les messages qu'ils portent, et tout le reste sera empilé sur l'ultime Noyau Noir : comme la seule attraction gravitationnelle, à ce moment-là sera celle de ce Noyau, les âmes 'sauvées' auront été attirées elles aussi et seront accumulées sur le

Noyau : en surface probablement car elles sont plus légères…

Et pour en finir avec ces questions :

'A' est-il un Dieu vivant ?

La 'Vie' est-elle un programme du Patron ?

Si la Vie n'est pas un effet naturel des lois du monde minéral, ce serait un effet introduit par la patron, et donc une propriété déjà présente en 'A'.

Ce qui supporterait l'idée que

'A'

Dieu ?

L'Impair est vivant

Mais nous ne pouvons pas le connaitre.

Même si nous n'avons que fort peu de respect pour Hawking

le savant

nous admirons le fait qu'il lutta toute sa vie

pour ne pas être paralysé dans sa personne

comme il l'est devenu dans son corps.

Un modèle.

Même s'il n'y croyait pas

Il a fait une belle âme.

Docteur Bruno P. H. Leclercq

www.ingramcontent.com/pod-product-compliance
Lightning Source LLC
Chambersburg PA
CBHW071451220526
45472CB00003B/762